国家卫生健康委员会"十三五"规划教材

十三五

全国高等职业教育配套教材

供放射治疗技术专业用

放射治疗设备学学习指导与题解

主　编　石继飞

副主编　何乐民

编　者　（以姓氏笔画为序）

孔　琳　（复旦大学附属肿瘤医院；上海市质子重离子医院）
石继飞　（内蒙古科技大学包头医学院）
刘明芳　（内蒙古科技大学包头医学院）
许海兵　（江苏医药职业学院）
李振江　（山东省肿瘤医院）
杨　楠　（新乡医学院）
何乐民　[山东第一医科大学（山东省医学科学院）]
秦嘉川　（山东新华医疗器械股份有限公司）
盛尹祥子（上海市质子重离子医院）

人民卫生出版社

图书在版编目（CIP）数据

放射治疗设备学学习指导与题解/石继飞主编.
—北京：人民卫生出版社,2019
ISBN 978-7-117-28576-6

Ⅰ.①放… Ⅱ.①石… Ⅲ.①放射治疗仪器-高等职业教育-教学参考资料 Ⅳ.①TH774

中国版本图书馆 CIP 数据核字(2019)第 106344 号

人卫智网　www.ipmph.com　医学教育、学术、考试、健康，
　　　　　　　　　　　　　购书智慧智能综合服务平台
人卫官网　www.pmph.com　人卫官方资讯发布平台

版权所有，侵权必究！

放射治疗设备学学习指导与题解

主　　编：石继飞
出版发行：人民卫生出版社（中继线 010-59780011）
地　　址：北京市朝阳区潘家园南里 19 号
邮　　编：100021
E - mail：pmph @ pmph.com
购书热线：010-59787592　010-59787584　010-65264830
印　　刷：三河市君旺印务有限公司
经　　销：新华书店
开　　本：787×1092　1/16　印张：6
字　　数：161 千字
版　　次：2019 年 6 月第 1 版　2019 年 6 月第 1 版第 1 次印刷
标准书号：ISBN 978-7-117-28576-6
定　　价：18.00 元

打击盗版举报电话：010-59787491　E-mail：WQ @ pmph.com
（凡属印装质量问题请与本社市场营销中心联系退换）

前 言

本书是高职高专"十三五"规划教材《放射治疗设备学》的配套教材。本书按照主教材各章顺序编排，各章包括学习目标、重点和难点内容、章后思考题解答、补充习题、补充习题参考答案五个模块。"重点和难点内容"给出了本章的知识点等。"章后思考题解答"和"补充习题"力求和知识目标协同，同时可以检测学生的学习情况。本书是理论学习的好帮手，也是教师指导学生以及学生自学的工具书。本书题目选取根据培养目标，结合教学实际和临床实际，以突出强化学生掌握放疗设备结构和原理以及设备的操作技能为主，以进一步突出放射治疗技术专业的教育特色，使之更加符合培养实用型人才的要求。为学生参加技师考试奠定基础。

本书可作为在职实训培训参考的学习教材。本书题目的数量和类型还较少，在以后的教学过程中希望能扩大题量，以便在将来再版时能得到补充。本书在编写过程中，很多领导和编者们给予了多方面的关心、支持和帮助，在此表示衷心的感谢。放射治疗设备发展日新月异，加之编写经验和水平有限，书中不足之处在所难免，敬请读者批评指正。以便再版时改进，不断提高使用质量。

石继飞

2019 年 5 月

目 录

第一章 绪论 ·· 1
 一、学习目标 ··· 1
 二、重点和难点内容 ·· 1
 三、章后思考题解答 ·· 4
 四、补充习题 ··· 5
 五、补充习题参考答案 ·· 7

第二章 放射治疗辅助设备 ·· 11
 一、学习目标 ··· 11
 二、重点和难点内容 ·· 11
 三、章后思考题解答 ·· 13
 四、补充习题 ··· 13
 五、补充习题参考答案 ·· 16

第三章 近距离放射治疗设备 ··· 20
 一、学习目标 ··· 20
 二、重点和难点内容 ·· 20
 三、章后思考题解答 ·· 23
 四、补充习题 ··· 24
 五、补充习题参考答案 ·· 26

第四章 ^{60}Co 治疗机 ··· 29
 一、学习目标 ··· 29
 二、重点和难点内容 ·· 29
 三、章后思考题解答 ·· 30
 四、补充习题 ··· 31
 五、补充习题参考答案 ·· 33

第五章　医用电子直线加速器 ······ 35
　一、学习目标 ······ 35
　二、重点和难点内容 ······ 35
　三、章后思考题解答 ······ 43
　四、补充习题 ······ 45
　五、补充习题参考答案 ······ 50

第六章　医用质子重离子放射治疗设备 ······ 56
　一、学习目标 ······ 56
　二、重点和难点内容 ······ 56
　三、章后思考题解答 ······ 59
　四、补充习题 ······ 60
　五、补充习题参考答案 ······ 61

第七章　立体定向放射治疗设备 ······ 64
　一、学习目标 ······ 64
　二、重点和难点内容 ······ 64
　三、章后思考题解答 ······ 65
　四、补充习题 ······ 65
　五、补充习题参考答案 ······ 66

第八章　放射治疗设备新技术及发展趋势 ······ 68
　一、学习目标 ······ 68
　二、重点和难点内容 ······ 68
　三、章后思考题解答 ······ 70
　四、补充习题 ······ 71
　五、补充习题参考答案 ······ 72

第九章　放射治疗设备的质量保证和质量控制 ······ 74
　一、学习目标 ······ 74
　二、重点和难点内容 ······ 74
　三、章后思考题解答 ······ 76
　四、补充习题 ······ 76
　五、补充习题参考答案 ······ 77

第十章　放疗室的结构和功能设计 ······ 79
　一、学习目标 ······ 79

目录

二、重点和难点内容 ………………………………………………… 79
三、章后思考题解答 ………………………………………………… 82
四、补充习题 ………………………………………………………… 82
五、补充习题参考答案 ……………………………………………… 84

第一章 绪论

一、学习目标

1. **掌握** 精准放疗的新型仪器设备应用介绍。
2. **熟悉** 放射治疗设备的分类与应用。
3. **了解** 放射治疗设备的发展历史及发展趋势。

二、重点和难点内容

(一) 放疗设备的发展历史

重点和难点是:千伏级和兆伏级X射线治疗机,精准放疗基本概念,精准放疗的基本依据和优越性,精准放疗的特点,精准放疗设备的分类及应用。

1. 放射治疗设备发展中具有里程碑意义的事件

1895年德国科学家伦琴发现了X射线。

1896年法国科学家贝克勒尔发现了放射性核素(radionuclide)镭(^{226}Ra)。

1898年法国物理学家居里夫妇成功地分离出了放射性核素镭(^{226}Ra),并首次提出了"放射性"概念,为放射诊断和治疗奠定了基础。

1899年首次利用电离辐射(ionizing radiation)治疗皮肤癌病人。

1905年近距离贴敷治疗和腔内放射治疗获得应用。

1928年Coutard报道分次放射治愈头颈部肿瘤。

1950年引入放射性钴远距离治疗(teletherapy)。

1954年引入质子束治疗。

1961年斯坦福大学安装第一台直线加速器(linear accelerator)。

1968年立体定向外科(stereotactic surgery)治疗诞生。

1980年多叶光栅(multi-leaf collimator,MLC)诞生。

1988年调强放射治疗(IMRT)诞生。

2. 千伏级X射线治疗设备阶段 根据能量不同可将X射线治疗机分为接触治疗机(40~50kV)、浅层治疗机(50~150kV)、深部治疗机(150~300kV)、超高压治疗机(300~1000kV)。这种X射线治疗机的特点是管电压较高、管电流较小、X射线质硬、穿透能力强。它对一些浅层的肿瘤治疗和淋巴结的补充治疗有一定的作用。

3. 兆伏级X射线治疗阶段 ^{60}Co治疗机具有以下优点:能量高,相当于3~4MV X射线,皮肤剂量低,保护皮肤;射线穿透能力强,深部剂量高,适合深部肿瘤的治疗;骨组织吸收量低,骨损伤小,适合于骨肿瘤及骨旁病变的治疗;^{60}Co γ射线的次级射线主要是向前散射,旁向散射少,降低了全身剂量,全身反应轻。其缺点是装源量小,一般低于 2.59×10^{14}Bq(7000Ci),源皮距较短(60~80cm),半影严重,半衰期短,需要定期更换钴源。^{60}Co治疗机可以分为固定式、旋转式和γ刀三种类型。

固定式^{60}Co治疗机的机架可以上下垂直升降,机头可以朝一个方向转动给定的角度,机械结构简单,维修方便。旋转式^{60}Co治疗机的机架可以旋转360°,机头也可以朝一个方向旋转,照射起来方便,适合做多种治疗,如等中心治疗和切野照射。^{60}Co治疗机可以发射1.17MeV和1.33MeV两种γ射线,其深度剂量分布与2.5MeV的电子加速器(electron accelcrator)相当。

4. 精准放射治疗设备阶段　三维适形放疗(three dimensional conformal RT,3D-CRT)用更先进的多叶光栅代替手工制作的铅挡块以达到对射线的塑形目的,用计算机控制多叶光栅的塑形性,可根据不同视角靶体积的形状,在加速器机架旋转时变换叶片的方位调整照射野形状,使其完全自动化。在三维影像重建的基础上、在三维治疗计划指导下实施的射线剂量体积与靶体积形状相一致的放疗都应称为三维适形放疗。实际上SRS、FSRT、SRT、3D-CRT及立体定向近距离放疗(stereotactic brachytherapy,STB)都应属于立体定向放疗的范畴。调强放疗(intensity modulated RT,IMRT)是三维适形调强放疗的简称,与常规放疗相比其优势在于:

(1) 采用了精确的体位固定和立体定位技术;提高了放疗的定位精度、摆位精度和照射精度。

(2) 采用了精确的治疗计划:逆向计算(inverse planning),即医生首先确定最大优化的计划结果,包括靶区的照射剂量和靶区周围敏感组织的耐受剂量,然后由计算机给出实现该结果的方法和参数,从而实现了治疗计划的自动最佳优化。

(3) 采用了精确照射:能够优化配置射野内各线束的权重,使高剂量区的分布在三维方向上可在一个计划内实现大野照射及小野的追加剂量照射(simultaneously integrated boosted,SIB)。IMRT可以满足放疗科医生的"四个最"的愿望,即靶区的照射剂量最大、靶区外周围正常组织受照射剂量最小、靶区的定位和照射最准、靶区的剂量分布最均匀。其临床结果是:明显提高肿瘤的局控率,并减少正常组织的放射损伤。

IMRT的主要实现方式包括:

(1) 二维物理补偿器调强(compensator)。

(2) 多叶准直器静态调强(step & shoot)。

(3) 多叶准直器动态调强(sliding window)。

(4) 断层调强放疗。

(5) 电磁扫描调强放疗等。

当前临床应用较为普遍的是电动多叶光栅调强技术,应用IMRT技术治疗头颈、颅脑、胸、腹、盆腔和乳腺等部位的肿瘤。现在新型的EPID安装在加速器上,在进行位置验证的同时,还可以进行剂量分布的计算和验证。还有CT-医用加速器、呼吸控制系统,如将治疗机与影像设备结合在一起,每天治疗时采集有关的影像学信息,确定治疗靶区,达到每日一靶,即为影像学指导的放疗(IGRT)。

以PET、SPECT、MRS等为代表的功能性影像技术发展迅速。利用FDG-PET可以反映组织的代谢情况;通过乏氧显像剂如氟硝基咪唑(^{18}F-MISO)可以对肿瘤乏氧进行体外检测;通过^{11}C-蛋氨酸可检测肿瘤蛋白质代谢;通过^{18}F-胸腺嘧啶核苷可检测肿瘤核酸代谢(metabolism of nucleic acid)等,Cu-ATSM作为PET乏氧示踪剂,在头颈部肿瘤进行了体模及人体研究。

（二）放射治疗设备分类与应用

重点和难点是：医用加速器设备、近距放疗设备、模拟定位机设备、治疗计划系统、三维适形和调强放疗设备、图像引导的放射治疗设备等概念及其应用。

1. **立体定向放射外科三维定位设备**　瑞典科学家 Leksell 在 1951 年首次提出立体定向放射外科概念，通过计算机控制各个钴源的开关状态，完成对病灶的立体定向放射治疗。

2. **医用加速器设备**　医用加速器是放射治疗设备中最常用的治疗束产生装置，是利用电磁场把带电粒子加速到较高能量的装置。

加速器种类很多，按粒子的加速轨道形状可分为直线加速器和回旋加速器；按加速粒子的不同可分为电子加速器、质子加速器、离子加速器和种子加速器等；按被加速后粒子的能量高低分为低能加速器、中能加速器、高能加速器、超高能加速器；按加速电场频段分为静电加速器、高频加速器和微波加速器。医疗上使用最多的电子加速器是电子感应加速器、电子直线加速器和电子回旋加速器，它们可以产生电子束、X 射线束等。

电子感应加速器是电子在交变的蜗旋电场中加速到较高能量的装置，优点是技术简单、成本低、电子束可调能量范围大，但最大缺点是 X 射线输出量小、射野小。电子直线加速器是利用微波电磁场把电子沿直线轨迹加速到较高能量的装置，优点是电子束和 X 射线都有足够的输出量、射野较大，缺点是极其复杂、维护成本较高。电子回旋加速器是电子在交变的超高频电场中做圆周运动不断地加速，所以输出量高，束流强度（beam intensity）可调等。

3. **近距放疗设备**　近距放疗设备是将封装好的放射源（radioactive source）经人体腔道放在肿瘤体附近或放置于肿瘤体表面，或将细针管插植与肿瘤体内导入射线源实施照射的放射治疗技术的总称。这种方法由于治疗距离近，贴近肿瘤组织，降低了肿瘤深层的剂量，减少了周围正常组织的放射损伤，又称内照射（internal radiation）。

4. **模拟定位机设备**　模拟定位机（simulated locator）是放射治疗的配套设备，模拟定位机有 X 射线模拟定位机、CT 模拟定位机和 MRI 模拟定位机等。

5. **治疗计划系统**　治疗计划系统（treatment planning system，TPS）是一套专用的计算机应用系统，它根据病灶的情况进行治疗计划的设计，包括剂量分布的计算和治疗方案的优化选择，使靶区获得最大的肿瘤致死剂量，周围的正常组织放射损伤最小。

6. **三维适形和调强放疗设备**　三维适形放疗（three-dimensional conformal radiation therapy，3D-CRT）是指在照射方向上，射野的形状与病变（靶区）的形状一致，从而保护危及器官，它主要用于治疗头部及体部体积较大、形状不规则肿瘤。3D-CRT 采用分次照射，但一般分次次数比常规疗效要少，单次照射剂量比常规疗效要大。调强放射治疗（intensity modulated radiation therapy，IMRT）是在三维适形放疗的基础上发展起来的一种先进的体外三维立体照射技术，它不仅能使照射野的形状与肿瘤的形状一致，而且还可对照射野内的各点的输出剂量进行调制（调强），从而使其产生的剂量分布在三维方向上与靶区高度适形，因此适用于各种形状的肿瘤治疗。

7. **图像引导的放射治疗设备**　将放疗设备与成像设备结合在一起，在治疗时采集有关图像信息，确定治疗靶区和重要结构的位置、运动，并在必要时进行位置和剂量分布校正，这称为图像引导的放射治疗（image-guided radiation therapy，IGRT）。主流的图像引导技术是以线锥形束 CT 三维成像与计划 CT 配准实现的。其他，如赛博刀（Cyber-knife）是使用治疗室内两个交角安装的千伏级 X 线成像系统，等中心投射到患者的治疗部位，根据探测到的内置金属标志的位置变化来实现影像引导功能等。

（三）放射治疗设备的发展趋势

重点和难点是：放射治疗设备发展及其应用。

医用电子直线加速器是现代放射治疗技术的核心设备。放射治疗设备的发展趋势,将是进入以医用电子直线加速器为核心技术、多学科综合应用、外围设备综合配套的精准放射治疗时代。与此同时,放疗加速器等小型专用放射治疗装置和质子加速器、重离子加速器等装置也将是未来开发的重点,而且重离子治疗是未来放射治疗的必然方向。

三、章后思考题解答

1. 简述放射治疗设备的发展史。

1895 年德国科学家伦琴发现了 X 射线。

1896 年法国科学家贝克勒尔发现了放射性核素(radionuclide)镭(^{226}Ra)。

1898 年法国物理学家居里夫妇成功地分离出了放射性核素镭(^{226}Ra),并首次提出了"放射性"概念,为放射诊断和治疗奠定了基础。

1899 年首次利用电离辐射(ionizing radiation)治疗皮肤癌病人。

1905 年近距离贴敷治疗和腔内放射治疗获得应用。

1928 年 Coutard 报道分次放射治愈头颈部肿瘤。

1950 年引入放射性钴远距离治疗(teletherapy)。

1954 年引入质子束治疗。

1961 年斯坦福大学安装第一台直线加速器(linear accelerator)。

1968 年立体定向外科(stereotactic surgery)治疗诞生。

1980 年多叶光栅诞生(multi-leaf collimator,MLC)。

1988 年调强放射治疗(IMRT)诞生。

2. 精准放射治疗主要有哪些?

主要有:三维适形放疗(three dimensional conformal RT,3D-CRT)、调强放疗(intensity modulated RT,IMRT)、影像学指导的放疗(imaging guided RT,IGRT)、生物适形放疗(biologically conformal RT,BCRT)。

3. 简述放射治疗设备的分类与应用。

(1) 立体定向放射外科三维定位设备:瑞典科学家 Leksell 在 1951 年首次提出立体定向放射外科概念,通过计算机控制各个钴源的开关状态,完成对病灶的立体定向放射治疗。主要应用于颅脑部位。

(2) 医用加速器设备:是放射治疗设备中最常用的治疗束产生装置,是利用电磁场把带电粒子加速到较高能量的装置。

加速器种类很多,按粒子的加速轨道形状可分为直线加速器和回旋加速器;按加速粒子的不同可分为电子加速器、质子加速器、离子加速器和种子加速器等;按被加速后粒子的能量高低分为低能加速器、中能加速器、高能加速器、超高能加速器;按加速电场频段分为静电加速器、高频加速器和微波加速器。医疗上使用最多的电子加速器是电子感应加速器、电子直线加速器和电子回旋加速器,它们可以产生电子束、X 射线束等。

电子感应加速器是电子在交变的蜗旋电场中加速到较高能量的装置,优点是技术简单、成本低、电子束可调能量范围大,但最大缺点是 X 射线输出量小、射野小。电子直线加速器是利用微波电磁场把电子沿直线轨迹加速到较高能量的装置,优点是电子束和 X 射线都有足够的输出量、射野较大,缺点是极其复杂、维护成本较高。电子回旋加速器是电子在交变的超高频电场中做圆周运动不断地加速,所以输出量高、束流强度(beam intensity)可调等。

(3) 近距放疗设备:是将封装好的放射源(radioactive source)经人体腔道放在肿瘤体附近或

放置于肿瘤体表面,或将细针管插植与肿瘤体内导入射线源实施照射的放射治疗技术的总称。这种方法由于治疗距离近,贴近肿瘤组织,降低了肿瘤深层的剂量,减少了周围正常组织的放射损伤,又称内照射(internal radiation)。

(4) 模拟定位机设备(simulated locator):是放射治疗的配套设备,模拟定位机有X射线模拟定位机、CT模拟定位机和MRI模拟定位机等。

(5) 治疗计划系统(treatment planning system,TPS):是一套专用的计算机应用系统,它根据病灶的情况进行治疗计划的设计,包括剂量分布的计算和治疗方案的优化选择,使靶区获得最大的肿瘤致死剂量,周围的正常组织放射损伤最小。

(6) 三维适形和调强放疗设备:三维适形放疗(three-dimensional conformal radiation therapy,3D-CRT)是指在照射方向上,射野的形状与病变(靶区)的形状一致,从而保护危及器官,它主要用于治疗头部及体部体积较大、形状不规则的肿瘤。3D-CRT采用分次照射,但一般分次次数比常规疗效要少,单次照射剂量比常规疗效要大。调强放射治疗(intensity modulated radiation therapy,IMRT)是在三维适形放疗的基础上发展起来的一种先进的体外三维立体照射技术,它不仅能使照射野的形状与肿瘤的形状一致,而且还可对照射野内的各点的输出剂量进行调制(调强),从而使其产生的剂量分布在三维方向上与靶区高度适形,因此适用于各种形状的肿瘤治疗。

(7) 图像引导的放射治疗设备:将放疗设备与成像设备结合在一起,在治疗时采集有关图像信息,确定治疗靶区和重要结构的位置、运动,并在必要时进行位置和剂量分布校正,这称为图像引导的放射治疗(image-guided radiation therapy,IGRT)。主流的图像引导技术是以线锥形束CT三维成像与计划CT配准实现的。其他,如赛博刀(Cyber-knife)是使用治疗室内两个交角安装的千伏级X线成像系统,等中心投射到患者的治疗部位,根据探测到的内置金属标志的位置变化来实现影像引导功能等。

四、补充习题

(一) 名词解释
1. 精准放疗
2. 近距离放疗设备
3. 治疗计划系统
4. 内照射

(二) 填空题
1. 近距放疗设备是将封装好的_____经人体腔道放在肿瘤体附近或放置于肿瘤体表面,或将细针管插植与肿瘤体内导入射线源实施照射的放射治疗技术的总称。这种方法由于治疗距离近,贴近肿瘤组织,降低了肿瘤深层的剂量,减少了周围正常组织的放射损伤,又称为_____。

2. 电子直线加速器是利用_____把电子沿直线轨迹加速到较高能量的装置,优点是电子束和X射线都有足够的输出量、射野较大。

3. treatment planning system,TPS 的中文是_____。

4. three-dimensional conformal radiation therapy,3D-CRT 的中文是_____。

(三) 选择题
A1型题(以下每一道考题下面有A、B、C、D、E五个备选答案。请从中选择一个最佳答案)

1. ^{60}Co治疗机可以发射哪两种γ射线,其深度剂量分布与2.5MeV的电子加速器(electron accel-

erator)相当

  A. 1.17MeV 和 1.33MeV   B. 1.00MeV 和 2.33MeV   C. 1.50MeV 和 1.33MeV

  D. 1.17MeV 和 2.50MeV   E. 2.33MeV 和 1.33MeV

2. 哪年斯坦福大学安装第一台直线加速器(linear accelerator)

  A. 1961 年   B. 1958 年   C. 1970 年

  D. 1988 年   E. 1951 年

3. 调强放疗(IMRT)可以满足放疗科医生的"四个最"的愿望即

  A. 靶区的照射剂量最大、靶区外周围正常组织受照射剂量最大、靶区的定位和照射最准、靶区的剂量分布最不均匀

  B. 靶区的照射剂量最大、靶区外周围正常组织受照射剂量最小、靶区的定位和照射最准、靶区的剂量分布最均匀

  C. 靶区的照射剂量最小、靶区外周围正常组织受照射剂量最小、靶区的定位和照射最准、靶区的剂量分布最均匀

  D. 靶区的照射剂量最大、靶区外周围正常组织受照射剂量最小、靶区的定位和照射最准、优化配置射野内各线束的权重

  E. 靶区的照射剂量最大、靶区外周围正常组织没有受照射剂量、靶区的定位和照射最准、靶区的剂量分布最均匀

4. 电子直线加速器是利用_____把电子沿直线轨迹加速到较高能量的装置,优点是电子束和 X 射线都有足够的输出量、射野较大

  A. 驻波   B. 微波电磁场   C. 交变电场

  D. 稳恒磁场   E. 电子的势能

5. 近距治疗机相对于 ^{60}Co 治疗机和加速器等远距离治疗装置又称

  A. 浅照射   B. 外照射   C. 内照射

  D. 探测效率   E. 精准照射

  A2 型题(以下提供案例,下面有 A、B、C、D、E 五个备选答案。请从中选择一个最佳答案)

(6~7 题共用题干)

  患者,女,46 岁,食管癌,按照患者食管癌靶区形状,选取适当的射野模式,根据患者病情酌情采用楔形板。先对预防照射区进行覆盖,按照病变区域和相邻组织的联系与具体状况,取 4 野或 5 野进行中心照射,第二阶段时,进一步把射野缩小到肿瘤病灶区域,再进一步推量。

6. 最可能的治疗是

  A. 用放射性药物标记做检测

  B. 用稳定的核素做检测

  C. 利用准直器和 X 射线做检测

  D. 调强放疗或三维适形放疗

  E. 去化验科做生化检测

7. 治疗的首选方案是

  A. X 线胸片

  B. CT 检查

  C. 核医学设备检查

  D. 超声检查

  E. 精准放疗

B 型题(以下每题前面有 A、B、C、D、E 五个备选答案。请从中选择一个最佳答案填在合适的题干后面)

(8~10 题共用备选答案)
 A. 千伏 X 射线治疗机
 B. 兆伏 X 射线治疗机
 C. 电子直线加速器
 D. 模拟定位机
 E. 近距离治疗机
8. 属于内照射治疗仪器的是
9. 临床上肿瘤治疗最广泛应用的仪器是
10. 主要用于辅助治疗的仪器设备是

(11~14 题共用备选答案)
 A. 安装第一台电子直线加速器
 B. 首次用内照射治疗癌
 C. 首次使用质子束治疗
 D. 多叶光栅问世
 E. ^{60}Co 治疗进入临床
11. 1905 年
12. 1980 年
13. 1961 年
14. 1954 年

(四) 简答题
1. 什么是精准放疗?
2. 简述三维适形放疗与立体定向放射治疗的区别。
3. 简述放射治疗设备及其发展趋势。
4. 我国医用电子加速器在临床上研究的主要内容是什么?

五、补充习题参考答案

(一) 名词解释

1. 精准放疗 采用了三维立体定向系统,附加限束装置、体位固定装置,使靶区边缘剂量梯度峻陡下降,使肿瘤靶区(target section)与边缘正常组织之间形成锐利的"刀"切状,其目的是给予靶区内高剂量照射,保护靶区外周围正常组织和重要敏感器官免受损伤。由于计算机技术的进步,放射物理学家用更先进的多叶光栅代替手工制作的铅挡块以达到对射线的塑形目的,用计算机控制多叶光栅的塑形性,可根据不同视角靶体积的形状,在加速器机架旋转时变换叶片的方位调整照射野形状,使其完全自动化。

2. 近距离放疗设备 是将封装好的放射源(radioactive source)经人体腔道放在肿瘤体附近或放置于肿瘤体表面,或将细针管插植与肿瘤体内导入射线源实施照射的放射治疗技术的总称。这种方法由于治疗距离近,贴近肿瘤组织,降低了肿瘤深层的剂量,减少了周围正常组织的放射损伤。

3. 治疗计划系统 是一套专用的计算机应用系统,它根据病灶的情况进行治疗计划的设计,包括剂量分布的计算和治疗方案的优化选择,使靶区获得最大的肿瘤致死剂量,周围的正常组织放射损伤最小。治疗计划系统的出现使得放射治疗从定性过渡到定量。它的发展经历了从一维到三维的发展,逐步成为精准放射治疗的精髓。

4. 内照射　近距治疗机相对于 ^{60}Co 治疗机和加速器等远距离治疗装置又称内照射(internal radiation)。

（二）填空题

1. 放射源,内照射
2. 微波电磁场
3. 放射治疗计划
4. 三维适形放疗

（三）选择题

A1 题型

1. A　2. A　3. B　4. B　5. C

A2 题型

6. D　7. E

B 型题

8. E　9. C　10. D　11. E　12. D　13. A　14. C

（四）简答题

1. 什么是精准放疗?

采用了三维立体定向系统,附加限束装置、体位固定装置,使靶区边缘剂量梯度峻陡下降,使肿瘤靶区(target section)与边缘正常组织之间形成锐利的"刀"切状,其目的是给予靶区内高剂量照射,保护靶区外周围正常组织和重要敏感器官免受损伤。由于计算机技术的进步,放射物理学家用更先进的多叶光栅代替手工制作的铅挡块以达到对射线的塑形目的,用计算机控制多叶光栅的塑形性,可根据不同视角靶体积的形状,在加速器机架旋转时变换叶片的方位调整照射野形状,使其完全自动化。

2. 简述三维适形放疗与立体定向放射治疗的区别。

三维适形放疗是 20 世纪 90 年代后期逐渐成熟起来的技术,利用加速器使多个射线野等中心照射肿瘤,每个野的几何形状均与肿瘤的形状一致。虽然三维适形放疗与 X 刀都使用加速器进行治疗,具有从多方向上向肿瘤靶区聚焦照射的共性,但与属于立体定向放射治疗的 X 刀和 γ 刀还是有很大区别的。如三维适形放疗照射的范围要大得多,照射区域内剂量分布均匀,不但可以照射头部肿瘤,还可以准确地治疗体部肿瘤;而以立体定向放射治疗超过 3cm 的肿瘤时,照射区域内剂量分布不均匀,形成高剂量和低剂量区,不利于治疗。

三维适形放疗与立体定向放射治疗另外一个明显的区别是,它们的放射生物学特性各有不同。立体定向放射治疗以一次大剂量,或数次较大剂量的方式治疗小体积肿瘤或良性病变;而三维适形放疗以常规分割方式(每周 5 次放疗,1.8~2.0Gy/次,总剂量 70Gy 左右)治疗大体积肿瘤或以 10 次左右中等剂量照射较小肿瘤。肿瘤放疗的生物学基础之一是利用不同组织被放射线照射后的修复能力不同。

3. 简述放射治疗设备及其发展趋势。

放射治疗设备包括硬件和软件,其中硬件包括治疗束产生装置、模拟定位机和附件;软件主要是治疗计划系统。放射治疗设备的发展趋势,将是进入以医用电子直线加速器为核心技术、多学科综合应用、外围设备综合配套的精准放射治疗时代。与此同时放疗加速器等小型专用放射治疗装置和质子加速器、重离子加速器等装置也将是未来开发的重点,而且重离子治疗是未来放射治疗的必然方向。随着计算机、物理学等高科技的发展,放射治疗设备的进一步创新,21世纪的肿瘤治疗必将引领未来放疗新方向。

4. 我国医用电子加速器在临床上研究的主要内容是什么?

医用电子加速器是医用驻波型电子直线加速器,专门用于治疗人体内深部恶性肿瘤的大型放疗设备,是集机、电、光一体化的高科技产品,主要内容是:

(1) 高效率全密封边耦合驻波加速管及栅控电子枪的研制。在有效加速长度仅27.2cm的加速管中,将电子能量加速到6MeV的能量,标志着我国的波加速管的设计、制造上了一个新的台阶,达到了国际先进水平,低反轰加速管与高梯度栅控电子枪全密封焊接并正常投入使用,确保了整机剂量输出特性指标。

(2) 安全、可靠的整机计算机控制系统的研制。符合IEC标准,可实现临床治疗特殊功能要求(如0°~60°自动楔形治疗,1~4cGy/Deg弧形治疗等),并具有友好的人机界面的整机计算机控制系统的研制,在国内是首次进行,并取得了成功。

(3) 标准源轴距、大辐射野的等中心机械系统的研制。源轴距(SAD)100cm,辐射野40cm×40cm是国际通用产品参数唯有实现这一标准,才能与国外产品进行比较。

(4) 符合现代工业设计要求的整机外观造型设计和制造。采用三维立体造型计算机辅助设计解决了大型医疗设备的外观造型困难的难题;研制中采用玻璃钢模具成型工艺,使国产医用加速器的外观造型上了一个新台阶。

(5) 特殊临床功能。在国内首次实现:0°~60°自动楔形治疗功能;1~4cGy/Deg弧形治疗功能;大、小野治疗功能(可提高整机效率20%以上)。

主要特点是:整机设计符合IEC标准,达到国际通用产品水准;结构紧凑,操作,维护方便,符合中国国情,临床适应证达60%以上;整机设计起点高,高新技术含量高,功能多,智能化程度高。

综合上述因素,医用直线加速器的原理是利用加速管上的微波能量开关技术,使医用直线加速器产生高、低能两种X射线(或高、中、低三种X射线)。双光子与三光子技术可以治疗表浅或深部肿瘤,起到了数台直线加速器的功效。现代高能医用直线加速器还可提供X射线与电子束两种射线,且对电子束能量的选择非常方便。

多叶准直器技术医用直线加速器:利用多对独立控制的光栅叶片,在计算机控制下形成不规则的与瘤体形状相似的原体照射野技术称为多叶准直器技术。多叶准直器技术可根据瘤体的形状和大小,使照射野与瘤体形状接近理想符合,更有效地保护了重要脏器和正常组织。多叶准直器的应用极大地方便了调强适形照射技术的开展,临床使用率非常高,是加速器首选配套设备之一。

三维调强适形放疗医用直线加速器:在临床的常规治疗中,医用直线加速器输出的射线是均匀的,但肿瘤形态是不规则的,因此在照射肿瘤的同时,对肿瘤周围的正常组织也有放射损伤。三维调强适形放疗就是让机器能够输出不均匀的射线,使剂量分布与肿瘤形状保持一致。实现这个过程的装置,称为调强器。目前采用的调强器有二维物理补偿器、多叶准直器、电磁扫描等。三维调强适形放疗是目前比较普遍的方式。把多叶准直器和与多叶准直器配套的调强治疗计划系统共同使用时,即可利用叶片在照射区内运动中的不同位置和不同停留时间来实现束流调强。其最大优点,是将放射线的剂量集中到病变范围,使肿瘤能够获得比常规放疗高得多的剂量,周围正常组织也因照射剂量显著减少而得到保护。X刀系统医用直线加速器是利用直线加速器、特殊准直器、精密定位系统和三维治疗计划系统,完成立体定向放射治疗,是当前国内外放疗技术的发展热门。X刀系统运用立体定向技术,采用可重复定位的头架或体架,对人体肿瘤实施多次分割放射治疗,以取得与手术切除病灶类似的治疗效果,并可避免功能结构损伤。这种方法既

第一章 绪 论

可用于治疗头部肿瘤亦可治疗体部肿瘤。配作 X 刀系统用的加速器在电参数、剂量参数的稳定性、重复性及机械精度上,比普通放疗用加速器有更高的要求。实时成像系统医用直线加速器实时成像系统为验证、改进治疗技术,纠正放射治疗中的摆位误差提供了一个量化的工具,是放疗质量控制的有力工具,但目前获得的图像质量还不够理想。

智能化微机控制系统医用直线加速器,现在的高能医用加速器的控制台都已采用智能化微机控制系统,借助丰富的软件,将机器参数和状态的模拟量变换成数字量,用人机对话的方式显示机器状态和对机器进行调整,实现了智能化校验、核对、调控制和放射治疗照射;还可完成加速器的状态自检、治疗参数校验、自动摆位、多段弧形照射、原体照射、剂量管理、病历存取、机电参数偏差显示、遥控连机调修等多项功能。为此我们总结还需以下条件。①需要专用的实验条件;②需要具有一定专业训练的技术人员;③有时需要必要的防护。

(石继飞)

第二章　放射治疗辅助设备

一、学习目标

1. **掌握**　各种模拟定位机的结构组成和应用流程。
2. **熟悉**　放射治疗计划系统的硬件配置和软件组成；体位固定装置的临床意义、功能和类型。
3. **了解**　常用的放疗验证与剂量检测设备。

二、重点和难点内容

（一）模拟定位机

重点和难点是：普通模拟定位机的结构组成和功能；CT模拟定位机的结构功能和应用流程；MRI模拟定位机的结构功能和应用流程。

1. 普通模拟定位机

（1）结构组成：模拟放射治疗机（如医用加速器、^{60}Co治疗机）治疗的几何条件而定出照射部位的放射治疗辅助设备，实际上是一台特殊的X线机。结构组成：机架、界定器、治疗床、操作控制中心、X射线系统、医用电视系统。

（2）模拟机的功能：①靶区及重要器官的定位；②确定靶区（或重要器官）的移动幅度；③治疗方案的选择；④勾画辐射野和定位/摆位参考标记；⑤拍摄辐射野定位片或证实片；⑥检查辐射野挡块的形状及位置。

2. CT模拟定位机

（1）结构功能：CT模拟机是兼有常规X射线模拟机和诊断CT双重功能定位系统，通过CT扫描获得患者的定位参数来模拟治疗的机器。一个完整的CT模拟机由三个基本部分组成：①一台高档的大视野的（FOV≥70cm）CT扫描机；②一套具有CT图像的三维重建、显示及射野模拟功能的软件；③一套专用的激光灯系统，最好是激光射野模拟器。

（2）应用流程：CT模拟过程为借助复杂的计算机软件进行治疗计划设计，并利用相应的激光定位系统在真实患者身体上标记射野设计的结果，实现对治疗条件的虚拟模拟定位设计。具体步骤为：

第一步，CT扫描，病人摆位和固定。

第二步，治疗计划设计与虚拟模拟定位。

第三步，CT模拟设计的验证。

3. MRI模拟定位机　是在MR扫描机的基础上，通过增加一套三维可移动激光定位灯和一

第二章 放射治疗辅助设备

套图像处理工作站而构成的虚拟模拟定位系统。MRI 模拟定位机由大孔径 MR 扫描仪、三维可移动激光定位灯、平板床面、放疗摆位辅助装置、图像处理工作站和其他配套设备组成。

(二) 放射治疗计划系统

重点和难点是:放射治疗计划系统的硬件配置和软件功能。

1. 放射治疗计划系统的硬件配置 放射治疗计划系统(TPS)是医学影像学和计算机技术发展的产物。它的硬件配置,主要部分是一套专门用来进行放射治疗计划设计的计算机工作站,该工作站可以为临床医生提供交互式断层图像的三维构建工具;可以精确测量靶区,提供相应的定量数据,并计算剂量在体内组织间的空间分布并直观显示;还要配备医学图像的输入输出设备等,用于打印输出治疗报告。

2. 放射治疗计划系统的软件功能 是一套三维可视化工具,可以作为术前计算机仿真平台和术后验证工具,粒子植入内放射治疗的重要组成部分。它具有友好的用户界面和极佳的图像显示效果。主要功能包括:影像设备的图像数据输入和整理、图像数据处理与测量、三维重建显示、粒子植入计划设计(包括手术路径、粒子分布等)、剂量评估和优化、治疗计划输出和病例数据库管理等功能模块。

(三) 体位固定装置

重点和难点是:体位固定装置的临床意义、功能和类型。

1. 体位固定装置的临床意义 固定设备是指可建立并维护病人治疗体位的设备,它同样可以防止在一次治疗中病人的移动。对病人治疗体位而言,应考虑舒适性、重复性、在一段时间内维持该体位的可能性和射线入射方向。这些因素相互联系,其中病人舒适性可能是一个相对重要的因素。在放射治疗的整个过程中,先进的体位固定技术、精确的体位固定装置,是保证靶体积与射线束在空间位置上的一致性的重要手段。

2. 体位固定装置的功能和类型

(1) 一般的头颈部摆位设备:通用枕头包括不同大小、形状的枕头,由聚氨酯泡沫铸造而成,底座通常是碳纤维或有机玻璃材料,其形状按病人头颈部设计。由于这些枕头的形状和高度不同,其对射线的衰减也不同。对于头颈部病变病人的固定,一般有头枕、托架并辅之以热塑材料的面膜,在此基础上,还可以附加鼻夹、口咬器等来提高固定效率,也可以扩展到肩部。

(2) 乳腺体位辅助托架:乳腺癌病人放疗时应使用乳腺体位辅助托架,其目的有:①可减少或避免切线野照射时光阑转动,有利于与锁骨上野的衔接;②使内切线野在皮肤上的投影尽量平直,避免与内乳野皮肤衔接出现冷点和热点;③避免仰卧后乳腺组织向上滑动。常用的乳腺托架材料为碳素纤维,具有高强度、无伪影、不阻挡射线的特点。

(3) 真空成形固定袋:真空袋的袋口有一单向气阀,使用时通过气阀将袋抽成真空来固定病人体位,它的优点是可以重复使用,缺点是遇尖锐物容易漏气,导致真空体模变形,所以经过一段时间后可能需要再次抽气。在使用过程中须避免与尖锐物件相碰,另外,也需要相对大的存储空间。体部固定也有采用热塑材料的,其机制与头面部固定一样。

(四) 放疗验证与剂量检测设备

重点和难点是:放疗验证设备;剂量检测设备。

1. 放疗验证设备

(1) 热释光剂量计的原理:基本验证原理是将"热释光"材料按照需要制成大小不同的片状小块,放置在患者病灶周围,经过射线照射之后,再将这种"热释光"材料块拿到专用热释光剂量计上测量其吸收剂量,从而间接分析被照射病灶的吸收剂量。

(2) 胶片剂量仪的主要应用:①检查射野的平坦度和对称性;②获取临床剂量学数据;③验

证剂量分布。

2. 剂量检测设备

（1）剂量检测设备的临床意义：要进行放射治疗技术，首先要保证医用加速器等射线装置输出剂量的准确性和稳定性，而剂量检测设备就是用来检测医用加速器等射线装置输出射线特性的仪器设备。要检查与测量各种射线和不同能量射线的输出特性，以保证加速器稳定、剂量准确。现在医疗卫生机构常用的剂量检测设备有三维水箱系统、Farmer 剂量仪、固体水剂量仪和二维阵列探测器等。

（2）三维水箱系统的结构：三维水箱系统也称为三维水模辐射场测量分析系统，是由计算机控制的自动快速扫描系统，它主要由大水箱、精密步进电机、电离室、控制盒、计算机和相应软件组成，能对射线在水模中的相对剂量分布，进行快速自动扫描，并将结果数值化，自动算出射线的半高宽、半影、对称性、平坦度、最大剂量点深度等参数。

三、章后思考题解答

1. CT 模拟定位机的功能有哪些？

普通模拟定位机是模拟放射治疗机（如医用加速器、^{60}Co 治疗机）治疗的几何条件而定出照射部位的放射治疗辅助设备，实际上是一台特殊的 X 线机。结构组成：机架、界定器、治疗床、操作控制中心、X 射线系统、医用电视系统。

模拟机的功能：①靶区及重要器官的定位；②确定靶区（或重要器官）的移动幅度；③治疗方案的选择；④勾画辐射野和定位/摆位参考标记；⑤拍摄辐射野定位片或证实片；⑥检查辐射野挡块的形状及位置。

2. 剂量验证设备有哪些？

热释光剂量计、胶片剂量仪、半导体剂量仪、电子射野影像系统等。

3. 实现对治疗条件的虚拟模拟定位设计的具体步骤有哪些？

第一步，CT 扫描，病人摆位和固定。

第二步，治疗计划设计与虚拟模拟定位：包括靶区及周围组织的勾画，等中心的设置，直接设置摆位标志点或预设置参考标记点，照射野的设置等。

第三步，CT 模拟设计的验证。

4. 放射治疗计划的软件系统的主要功能有哪些？

放射治疗计划的软件系统是一套三维可视化工具，可以作为术前的计算机仿真平台和术后验证工具，粒子植入内放射治疗的重要组成部分。它主要功能包括：影像设备的图像数据输入和整理、图像数据处理与测量、三维重建显示、粒子植入计划设计（包括手术路径、粒子分布等）、剂量评估和优化、治疗计划输出和病例数据库管理等功能模块。

5. 现在医疗卫生机构常用的剂量检测设备有哪些？

现在医疗卫生机构常用的剂量检测设备有三维水箱系统、Farmer 剂量仪、固体水剂量仪和二维阵列探测器等。

四、补充习题

（一）名词解释

1. 放射治疗计划系统
2. 热释光剂量计
3. 电子射野影像系统

4. CT模拟定位机

（二）填空题

1. CT模拟机是兼有_____和_____双重功能的定位系统,通过CT扫描获得患者的定位参数来模拟治疗的机器。

2. 放射治疗计划系统支持_____标准、视频采集和扫描输入;可以在不同的图像序列的断层图像上直观地显示_____,_____、_____的同时显示。

3. 根据不同的放射治疗技术水平和不同的治疗精度要求,体位固定装置可以分为_____和_____等多种类型。

4. 为了确保调强适形放射治的高梯度变化的剂量准确实施在患者身上,治疗前的剂量验证成为_____和_____的重要部分。

5. 二维阵列电离室探测器系统包括_____和_____两部分,其中探测器阵列包含_____路电离室探测单元,数据采集系统包含_____、_____、_____和_____几个部分。

6. 剂量仪在电离辐射的研究与应用中使用十分广泛,它是测量_____照射剂量的专用仪器。

（三）选择题

A1型题(以下每一道考题下面有A、B、C、D、E五个备选答案。请从中选择一个最佳答案)

1. 放射治疗计划系统的计划报告输出**不包括**
   A. 剂量分布和粒子描述　　B. 粒子位置　　C. 图像序列管理
   D. 等剂量分布显示　　E. 粒子描述

2. 真空成形固定袋的优点是
   A. 可以重复使用　　B. 容易漏气　　C. 需要相对大的存储空间
   D. 价格低廉　　E. 易于保存

3. 放射治疗计划系统的英文缩写是
   A. DICOM　　B. PET　　C. TPS　　D. PACS　　E. DICOM

4. 放射治疗模拟机在治疗计划设计过程中的功能**不包括**
   A. 确定靶区(或重要器官)的运动范围　　B. 勾画辐射野和定位/摆位参考标记
   C. 治疗方案的选择(治疗前模拟)　　D. 拍摄辐射野定位片
   E. 可以完成治疗方案

5. 对放射治疗中体位固定装置的临床意义描述**不正确**的是
   A. 患者得到正确的治疗体位
   B. 在照射过程中体位保持不变
   C. 固定设备可减少随机摆位误差
   D. 可以提高正常组织的受量
   E. 固定装置可以防止在一次治疗中病人的移动

6. 头颅戴面罩误差可以允许的范围
   A. 3.5~4.5mm　　B. 大于3.5mm　　C. 2.0~2.5mm
   D. 小于2.0mm　　E. 2.5~3.5mm

7. **不属于**放射治疗计划的软件系统的主要功能是
   A. 影像设备的图像数据输入和整理　　B. 图像数据处理与测量
   C. 一台高性能大存储的微型计算机　　D. 三维重建显示

E. 剂量评估和优化
8. 热释光剂量计能长时间的储存电离辐射能,在受热升温时,能放出光辐射,这种特性称为
   A. 热辐射　　　B. 热效应　　　C. 热释光　　　D. 热计量　　　E. 热电离
9. 现在医疗卫生机构常用的剂量检测设备**不包括**
   A. 三维水箱系统　　　　B. Farmer 剂量仪　　　　C. 半导体剂量仪
   D. 固体水剂量仪　　　　E. 二维阵列探测器
10. 对于同一型号的胶片,与其灵敏度**无关**的是
    A. 射线质(射线能量)　　　B. 照射剂量率　　　C. 洗片条件和胶片的批号
    D. 照射剂量　　　　　　　E. 射线入射角度

A2 型题(以下每一道考题下面有 A、B、C、D、E 五个备选答案。请从中选择一个最佳答案)

11. 患者,女性,48 岁,乳腺癌,乳腺癌术后行放射治疗。首先应考虑的固定方式是
    A. 热成型塑料膜结合固定架　　　　B. 石膏成型装置
    C. 体内金属标记　　　　　　　　　D. 真空垫固定
    E. 胸腹平架
12. 一中段食管癌患者,病灶长度 7cm,无锁骨上淋巴结转移和远处转移,无穿孔征象,首选的治疗是
    A. 手术　　　　　　　B. 化学治疗　　　　　　C. 放射治疗
    D. 中医及免疫治疗　　E. 束前放射治疗及手术
13. 乳腺癌患者,女性,45 岁,乳腺癌切线野定位手揪耳朵或放头项目的是
    A. 便于布野　　　　　B. 射野区域剂量分布均匀　　　C. 不让手臂受到照射
    D. 便于背部垫楔形板　E. 便于头部垫枕
14. 患者,男性,68 岁,喉癌侧卧垂直照射,采用颈部固定,以下说法**不妥**的是
    A. 为保证体位重复性好,要求体位舒适,不易疲劳
    B. 从定位到治疗计划完成都用同一型号的侧卧枕
    C. 为保证身体冠状面垂直,可用楔形支架或沙袋固定背部
    D. 用头部固定装置以保证头部不动
    E. 用一般软枕,容易固定

B 型题(以下每一题前面有 A、B、C、D、E 五个备选答案。请从中选择一个最佳答案填在合适的题干后面)

(15~16 题共用备选答案)
   A. ±1mm
   B. ±2mm
   C. ±2.5mm
   D. ±1.5mm
   E. ±3mm

15. 治疗机模拟机的机械等中心允许精度是
16. 灯光野与射野符合性的允许精度是

(17~18 题共用备选答案)
   A. 补偿滤过
   B. 楔形板
   C. 等效填充物

D. 面罩

E. 铅挡块

17. 可消除由于空气组织界面效应所致的剂量干扰,以改善腔内肿瘤所得的剂量,使用的辅助技术设备是

18. 上颌窦癌单纯放疗,为改善剂量分布常采用的是

（19~20题共用备选答案）

A. X球管

B. 准直器

C. 加速管

D. 控制器

E. 高压发生器

19. 模拟定位机的结构**不包括**

20. 模拟定位机每日开机时需要"训练"的部件是

（四）简答题

1. 简述乳腺体位辅助托架的作用。
2. 简述半导体剂量仪的工作原理。
3. 二维阵列电离室探测器具备哪些优势？
4. 简述 Farmer 剂量仪的基本结构。
5. 射野"井"形界定线的作用是什么？
6. MR 的体表标记有哪两种方式？
7. 三维图像重建主要包括哪些内容？
8. 简述品质评估采用的方法并比较其区别。
9. 辐射场剂量仪主要包括哪两部分？其作用分别是什么？
10. 简述 MRI 模拟定位机的工作流程。
11. 简述体位固定装置的临床意义。
12. 放射治疗计划系统的软件功能有哪些？
13. 简述患者常见摆位的误差范围。
14. 真空成形固定袋的优缺点有哪些？
15. 阐述三维水模辐射场测量分析系统的测量方法。

五、补充习题参考答案

（一）名词解释

1. 放射治疗计划系统（treatment planning system, TPS） 是放射治疗的重要设备之一,用以设计放疗计划,同时兼备靶区及正常结构勾画,多种图像融合及剂量评估、对比、验证等功能,它实际上是一套计算机软、硬件系统。

2. 热释光剂量计（thermoluminescence dosimeter） 是利用热致发光原理记录累积辐射剂量的一种器件。热释光剂量计是20世纪60年代发展起来的一种剂量计,它能长时间的储存电离辐射能,在受热升温时,能放出光辐射,这种特性称为热释光。

3. 电子射野影像系统 在放射治疗中辐射束照射靶区时,采用电子或非电子技术作为获取的器件,在出射方向获得的影像称为射野影像。其中采用电子技术的称为电子射野影像系统,也叫电子射野实时成像系统。

4. CT模拟定位机　是借助复杂的计算机软件,将计划设计的照射野三维空间分布结果重叠在 CT 重建的病人解剖资料之上,在相应的激光定位系统的辅助下,实现对治疗条件的虚拟模拟(virtual simulation)。

(二)填空题

1. 常规 X 射线模拟机,诊断 CT
2. DICOM3.0,等剂量分布,多个等剂量线,等剂量面
3. 常规摆位设备,三维坐标定位体系
4. 质量保证(QA),质量控制(QC)
5. 探测器阵列,数据采集系统,1024,前置放大器,数据采集控制器,系统管理软件,前端控制器
6. X 线,γ 射线

(三)选择题

A1 型题

1. D　2. A　3. C　4. E　5. D　6. C　7. C　8. C　9. C　10. B

A2 型题

11. D　12. E　13. C　14. E

B 型题

15. B　16. B　17. C　18. B　19. C　20. D

(四)简答题

1. 简述乳腺体位辅助托架的作用。

作用有:①人体上胸壁表面是一个斜面,乳腺体位辅助托架的使用可减少或避免切线野照射时光阑转动,有利于与锁骨上野的衔接;②使内切线野在皮肤上的投影尽量平直,避免与内乳野皮肤衔接出现冷点和热点;③避免仰卧后乳腺组织向上滑动。

2. 简述半导体剂量仪的工作原理。

半导体剂量仪是新型的辐射剂量仪器,半导体剂量仪使用的探测器是一种特殊的 PN 型二极管。根据半导体理论 P 型晶体和 N 型晶体结合起来则在结合面(界面)两边的一个小区域里,即 PN 结区 N 型晶体一侧由于电子向 P 型晶体扩散而显正电,P 型晶体一侧由于空穴向 N 型晶体扩散而显负电,受到电离辐射照射时,会产生新的载流子——电子和空穴。在电场作用下它们很快分离并形成脉冲信号,半导体探测器称为"固体电离室"。硅晶体半导体探测器,主要用于测量高能 X(γ)射线和电子束的相对剂量。半导体探测器的输出信号可以通过静电计放大后测量,其优点主要表现为辐射剂量与半导体探测器的输出信号有很好的线性关系。

3. 二维阵列电离室探测器具备哪些优势?

三维水箱系统、Farmer 剂量仪、固体水剂量仪都是采用一个独立的指形电离室作为剂量探头,一次只能测量一个点;在放射治疗中,质量保证工作就体现为对探测器接收到的辐射的剂量验证。二维阵列探测器因为其既可以测量某点吸收剂量大小(即绝对剂量),又可以测量阵列平面剂量分布(即相对剂量),并且可以实现快捷、高效、稳定的剂量测量,被越来越多地应用在剂量验证工作中。

4. 简述 Farmer 剂量仪的基本结构。

①空气电离室;②测量电离电荷或电流的电测系统;③检验源或称监督源校准源;④仪器的说明和校准的证书。

5. 射野"井"形界定线的作用是什么?

射野"井"形界定线的作用是:①用于界定病变和器官的位置,即射野位置和范围;②用于双曝光,观察病变与周围器官的关系。

6. MR 的体表标记有哪两种方式?

①可以使用无磁标记点;②可以通过后期 MR 图像与 CT 图像配准来实现图像结构的统一来标记。

7. 三维图像重建主要包括哪些内容?

勾画并形成病人的外廓形状、重要器官的形状和位置、病变组织的形状和位置等。同时,要能够在冠状面、矢状面和斜剖面等任意方向进行旋转和剖视,以便于进行最佳的照射野设计。

8. 简述品质评估采用的方法并比较其区别。

第一种"等剂量曲线"法,第二种"等剂量体积"的评估方法。二者区别为:"等剂量曲线"法在二维图像上表示不同的剂量分布区域;"等剂量体积"的评估方法可以显示三维剂量分布情况。

9. 辐射场剂量仪主要包括哪两部分?其作用分别是什么?

一是平面型电离室测量矩阵,可以实时感受辐射场内的剂量分布状态;二是计算机处理软件,可以即时分析辐射场的测量数据并绘出相应的剂量曲线,甚至可以绘制三维剂量分布图形。

10. 简述 MRI 模拟定位机的工作流程。

MRI 模拟定位机定位流程:①患者综合检查,确定是否符合 MR 扫描标准;②确定患者治疗体位,选择体位固定方法;③患者摆位,制作固定膜;④使用 3D 激光灯确定参考点位置,用十字交叉线标记,贴体表参考标记点行 CT 扫描;⑤患者下床,CT 定位过程结束;⑥患者佩戴相同固定膜,使用相同参考标记点行 MR 扫描;⑦患者下床,MR 定位过程结束;⑧将患者 CT、MR 扫描图像传至计划系统;⑨将 CT、MR 图像融合,利用 MR 图像确定肿瘤范围,勾画靶区和重要保护器官,利用 CT 图像进行剂量计算,制订治疗计划;⑩患者回到 CT 机较位。

11. 简述体位固定装置的临床意义。

在放射治疗中,患者治疗体位的选择是治疗计划设计中极其重要的环节,一方面要使患者得到正确的治疗体位,另一方面还要求在照射过程中体位保持不变,或每次摆位能使体位得到重复。

使用固定设备可减少随机摆位误差,降低正常组织的受量,同时保证靶区得到充分的照射。固定设备是指可建立并维护病人治疗体位的设备,它同样可以防止在一次治疗中病人的移动。对病人治疗体位而言,应考虑舒适性、重复性、在一段时间内维持该体位的可能性和射线的入射方向。错误的摆位或者位置不准确,不仅靶体积会因为未受到射线的照射而得不到有效治疗,而且正常组织甚至重要器官会由于意外照射而受到伤害。所以在放射治疗的整个过程当中,先进的体位固定技术、精确的体位固定装置,是保证靶体积与射线束在空间位置上一致性的重要手段。

12. 放射治疗计划系统的软件功能有哪些?

放射治疗计划系统(TPS)是医学影像学和计算机技术发展的产物。它的硬件配置,主要部分是一套专门用来进行放射治疗计划设计的计算机工作站。放射治疗计划的软件系统是一套三维可视化工具,可作为术前的计算机仿真平台和术后验证工具,粒子植入内放射治疗的重要组成部分。它具有友好的用户界面和极佳的图像显示效果。主要功能包括:影像设备的图像数据输入和整理、图像数据处理与测量、三维重建显示、粒子植入计划设计(包括手术路径、粒子分布等)、剂量评估和优化、治疗计划输出和病例数据库管理等功能模块。

13. 简述患者常见摆位的误差范围。

对于头颅部位：未固定误差应该<3mm，戴面罩误差应该为2.0~2.5mm，颅内固定（立体定向治疗）误差应该<1mm。

对于头颈部：戴面罩误差应该为2.5~4mm，采用机械固定误差应该<3mm，牙托固定误差应该<4mm。

胸部未固定误差应该<4mm，乳腺采用真空垫固定误差应该<4mm。

盆腔腹部：未固定误差应该为5~7mm，采用热塑料网罩固定误差应该为3~4mm。

14. 真空成形固定袋的优缺点有哪些？

真空成形固定袋由一个真空泵和装有塑料小球的橡胶袋组成，袋体采用聚氯乙烯复合材料，袋内离子采用低密度聚氯乙烯发泡粒子。平时袋内充有空气，质地柔软。特性为：①在真空负压条件下硬（固）化，从而形成各种模型；②在X射线成像时，无阴影产生，使用时患者按治疗体位躺在真空袋中，待其体位确定后，抽真空使其成形；③真空成形固定袋可以重复使用。

15. 阐述三维水模辐射场测量分析系统的测量方法。

三维水模辐射场测量分析系统也称为三维水箱系统。三维水箱测量系统是由计算机控制的自动快速扫描系统，它主要由大水箱、精密步进电机、电离室、控制盒、计算机和相应软件组成。

具体的测量方法是，将三维水箱（水模体）安放在加速器射野照射范围之内，按照水箱刻度注满清水，调整水模体（水箱）高度，使水模体的中心部位对准加速器的机械等中心，并将信号放大处理系统和计算机操作分析系统放在控制操作室内，然后接通控制电源和信号线路，标定测量用指形电离室的机械位置，这样就做好了测量前的准备工作。测量过程是，根据射线的不同能量，在射线照射的同时，让测量用指形电离室在水面下特定深度内分别沿横向和纵向扫描或沿加速器射线的中心轴线上下扫描，这样就可以分别测量并显示出射野内射线的对称性和平坦度等均匀性指标和百分深度剂量曲线指标。以此为依据，就可以调整并确定加速器各个能量输出射线的相关技术指标。

（杨 楠）

第三章　近距离放射治疗设备

一、学习目标

1. **掌握**　后装治疗设备的基本结构和工作原理。
2. **熟悉**　后装治疗机的临床应用。
3. **了解**　后装治疗机的类型和优缺点及设备应用优势。

二、重点和难点内容

（一）概述

重点和难点是：后装治疗机发展及其基本概念，内照射基本概念，腔内后装放射治疗、管道内后装放射治疗、组织间后装放射治疗、术中置管术后放射治疗和敷贴后装放射治疗的基本概念。施源器设备应用等。

（二）后装治疗机

重点和难点是：后装治疗机基本结构；后装治疗机放射治疗过程；后装治疗机工作原理；后装放射治疗机类型和优缺点。后装放射治疗机放射源等。

1. **后装治疗机的基本结构**　近距离后装治疗机基本结构包括：主机、控制系统、治疗计划系统、各种施源器。控制系统主要由控制单元、治疗单元两部分组成。采用计算机控制，通过串口发送和接收信号。

（1）主机：由送丝组件、分度组件、源罐组件、升降组件等几部分组成。γ射线遥控后装治疗机的微型铱源焊接在细钢丝的一端，另一端连至步进电机驱动的绕丝轮上，按计算机程序的控制方式运行。各驻留位置的照射时间可任意设置，从而产生千变万化的剂量模式。治疗通道为30通道任意组合。由步进电机送源，步进数为64步，步长2.5mm、5.0mm、7.5mm、10mm。

施源器是插入人体的部分，根据临床的需要，施源器的种类比较多。

1）送丝组件：送丝组件由以下部分组成：放射源驱动、限位器、应急回源驱动、带轮组件、模拟源驱动、紧带器、片基带、基板等。送丝组件主要是带动放射源的源缆将放射源从储源罐内送到治疗靶区，并在步进电机的驱动下，带动放射源移动，构成点源模拟线源的功效，形成剂量分布曲线治疗患者。

2）源罐组件：现代γ射线遥控后装治疗机源强可达370GBq(10Ci)以上，停机时必须屏蔽。源灌由支撑作用的不锈钢外壳作为表层、主要防护的铅作为内层、中心嵌有弯曲通道的钨合金防护块等组成，这样制成的贮存罐完全达到了近距离放射治疗机的防护安全要求。

3）分度组件：分度组件包括分度头和控制模块。分度头可以连接多至30个管及各种施源器。储源罐内只装一个放射源,通过分度头的引导控制,放射源可依次通过相应管道达到治疗区,按计划实施治疗。

4) 升降组件:升降组件采用电动升降,以适应不同高度的治疗需要。

5) 放射源:后装治疗机使用的放射源是放射性核素^{192}Ir,输出γ射线,平均能量是380keV,半衰期74d,约6个月就需要更换新源。铱源一般制成颗粒状,体积只有米粒大小,出厂之前被封装在不锈钢包壳里面,并焊接在特定长度的驱动钢丝的一端,焊接铱源的一端插到一个铅罐里面锁住,以便进行储存和运输。钢丝的另一端露在外面,换源时,工作人员将钢丝露在外面的一端连接到后装治疗机的驱动器上,通过施源器接口,由驱动器自动将铱源拉到机头中间部位的储源器内备用。

(2) 控制系统:后装治疗机控制系统主要由控制单元、治疗单元两部分组成。控制单元包括计算机、控制台、电源箱。

治疗单元包括PLC(可编程控制器)、出源分线板、机电联锁、放射源驱动、模拟源驱动、强制回源、分度盘驱动、升降驱动。上位机接受治疗计划系统传来的数据,或接受通过键盘以人机对话的方式输入的数据,并将此数据传送给可编程控制器,控制机器的运行,同时监视机器的运行状态。

(3) 治疗计划系统:治疗计划系统(treatment planning system,TPS)一般包括硬件和软件两部分。硬件包括一套专用计算机,软件包括图像输入处理和图像输出功能、剂量规划与计算功能和治疗计划的评估与优化等功能。治疗计划直接影响治疗效果,必须经过主治医师批准后,再传输到操作控制系统进行治疗。

治疗计划系统分为二维治疗计划系统和三维治疗计划系统。二维计划系统无法准确获取放射源的方位,因此在进行剂量计算时,将放射源作为点源简化处理,并忽略了源的各向异性特性,影响剂量计算的准确度。另外,距离源很近位置处(例如距离 d<5mm)的吸收剂量计算值可能达不到预期的准确度。而基于CT等图像的三维后装治疗计划系统能够综合评价靶区与周围正常组织的剂量分布,确保精确计算剂量,减少放疗副作用,从而改善患者放疗后的生存质量。

(4) 施源器:施源器(applicator)是后装治疗机的重要组成部分,其作用是:在治疗之前,先将施源器置于病灶附近,接口处与主机连接。根据被照射腔体或组织的不同部位和不同形状,可以设计制作各种各样的施源器,施源器的外形要与相应部位的腔体吻合,内部正好能够插进带有颗粒状辐射源的钢丝绳。施源器的另一端与机头最前面的施源器接口连接后,辐射源可以从机头内的储源腔里通过连接通道直接输送到施源器的病灶部位。治疗时,辐射源可以通过施源器以步进方式移动到所需要的照射部位进行逐点照射治疗;结束后,辐射源被机器自动拉出施源器,退回机器的储源腔内储存备用。

常用施源器有:宫颈施源器、直肠施源器、阴道施源器、食管施源器、鼻咽施源器、插植针。

2. 后装治疗机的工作原理 后装就是先把放射治疗的施源器放置在合适的位置或把施源针插植到合适的部位,然后拍片确认,经治疗计划系统计算剂量分布,得到满意结果后再启动开关,将放射源自动送到施源器或针内进行放射治疗的方法。这种治疗手段减少了操作人员的受量,方便病人护理,使大量手术拒治、外照射未控或复发的患者获得再次治疗的机会。

3. 后装治疗的类型与优缺点 根据放射源释放射线的类型分为γ射线遥控后装治疗机、中子近距离后装治疗机,其中γ射线后装治疗机应用的γ射线有^{137}Cs、^{60}Co、^{192}Ir,中子后装治疗机应用的为放射性核素^{252}Cf。根据放射源在治疗时的剂量率可分为低剂量率后装治疗机(LDR)、高剂量率腔内后装治疗机(HDR)。现阶段主流市场使用的大多数是以^{192}Ir为放射源的高剂量率γ射线遥控后装治疗机,^{192}Ir放射源具有活度高、源体小的特点,平均能量只有0.384MeV,半价层为3mmPb,半衰期只有74d,易于防护,最高源强度在370GBq(10Ci)以上,是唯一满足理想后装放射源四大要求(即足够的软组织穿透力、防护容易、半衰期较短、可加工成微型源同时源强度足够高)的放射性核素。

二维计划系统后装治疗机的治疗过程为医生通过模拟机诊断结果固定施源器,利用系统制订治疗计划并传输至控制治疗系统,用控制治疗系统实施治疗计划,对病人进行治疗。二维计划系统后装治疗机是传统的后装治疗系统。

图像引导的近距离放疗系统又称为3D后装治疗系统,是将三维影像系统(如CT、MRI等)、影像传输系统、治疗计划系统、后装治疗系统有效结合到一起,从而完成整个治疗过程,整个治疗过程包含治疗准备、CT扫描定位、靶区勾画并制作治疗计划、实施后装机治疗等几个部分。3D后装治疗系统可以获得CT三维重建图像并进行治疗计划设计和优化,能真实反映靶区及危及器官体积、几何形状变化及实际受照射体积和剂量;提高处方剂量对于靶区覆盖率;限制危及器官受高剂量照射的体积,减少副作用的发生。

一体化后装治疗系统是将C型定位机、影像传输系统、治疗计划系统、后装治疗机有机结合到一起,使对病人的插管、定位、做计划及治疗一次完成。一体化后装治疗系统可大大缩短治疗时间,降低医护人员劳动强度,减少病人的痛苦,确保放疗的质量,提高了后装治疗的安全性。

4. 近距离治疗的放射源

(1) ^{137}Cs源:人工放射性核素,是从原子核反应堆的副产物经化学提纯加工而得到;产生的γ射线能量是单能,且为0.662MeV;半衰期为33年,平均每年衰变2%;距^{137}Cs源1cm处,放射性活度3.7×10^7Bq(1mCi),每小时照射量为8.4×10^{-4}C/kg(3.26R),即1mCi ^{137}Cs等于0.4mg镭当量(3.26/8.25≈0.4);^{137}Cs源有多种形状,如针状、管状和丸状;妇科肿瘤治疗使用最为普遍的放射源是^{137}Cs源。

(2) ^{60}Co源:人工放射性核素,是由无放射性的^{59}Co在原子核反应堆中经过热中子照射轰击产生;中子转变为质子,释放能量为0.31MeV的β射线;核中过剩的能量以γ辐射的形式释放,包括能量为1.17MeV和1.33MeV两种γ射线,平均能量为1.25MeV;半衰期为5.27年,平均每月衰减1.1%;距^{60}Co源1cm处放射性活度3.7×10^7Bq(1mCi),每小时照射量为33.54×10^{-4}C/kg(13.0R),即1mCi ^{60}Co等于1.6mg Ra(13.0/8.25=1.6);^{60}Co因半衰期短且能量高,作腔内照射放射源不如^{137}Cs;^{60}Co后装治疗源为丸状,标准活度为18.5GBq(0.5Ci)。

(3) ^{192}Ir源:人工放射性核素,是由^{191}Ir在原子核反应堆中经热中子轰击而产生的;能谱比较复杂,γ射线平均能量为360keV,其能量范围使其在水中的指数衰减率恰好被散射建成所补偿,在距源5cm范围内任意点的剂量率与距离平方的乘积近似不变;半衰期为74d;^{192}Ir粒状源可以做得很小,使其点源的等效性好,便于剂量计算;^{192}Ir源为丝状,活性芯为铱-铂合金,外壳是0.1mm厚的铂材料。该源也使用籽粒状,外有双层不锈钢壳,制成串形像尼龙丝带状。标准活度为370GBq(10Ci)。^{192}Ir源用于HDR远距离控制后装治疗机;^{192}Ir是替代^{226}Ra、^{60}Co、^{137}Cs用于高、低剂量率近距离治疗的较好的核素。

(4) ^{125}I源:^{125}I的γ射线能量较低;半衰期为59d;通常做成粒状源,用于高、低剂量率的临时性或永久性插值治疗;用于插值的优点:插值体积外剂量下降很快;可用薄于200μm厚的铅作屏蔽保护正常组织;大量减少了不必要的照射;与^{192}Ir源相比的缺点:需特定设备制备粒源,花费较多人力;价格较高;剂量分布明显地依赖于被插值组织的结构。

(5) ^{103}Pd和^{198}Au源只使用籽粒状。通常使用特殊的植入"枪"将该种放射源植入肿瘤内,实施治疗。^{198}Au的γ射线能量为412keV,半衰期2.7d,与氡相近,历史上曾由它代替氡使用。

放射源强度的表示方法有四种：①毫克镭当量；②参考照射量率；③显活度（SI 单位是贝克勒尔 Bq）；④空气比释动能强度。

放射源的校准方法主要有：①近距离治疗放射源强度校准最好使用井形电离室；②经校准的指形电离室也可用于测量高强度放射源；③直接测量放射源的活度尚存在一些困难，特别是放射源四周滤过材料的吸收和散射效应的影响。

放射源的定位方法是：①正交胶片法；②立体平移胶片法；③二/三等中心胶片法；④CT。

5. 近距离放疗机的临床应用　主要特点：①应用高强度的微型源[以^{192}Ir（铱）为最多]，直径 0.5mm×0.5mm 或 1.1mm×6mm，在程控马达驱动下，可通过任何角度到达身体各部位肿瘤之中，并由电脑控制，得到任意的驻留位置及驻留时间，实现临床所要求的剂量分布。②治疗时限短而效率高，医护人员远距离遥控，避免了放射受量，解决了旧式近距离放疗的防护问题，颇受患者和医护人员的欢迎。③治疗的方式方法多元化，在临床更能适合体腔及组织或器官治疗所需的条件，因而补充了外放射治疗的不足，无论在单独根治或辅助性治疗或综合治疗等方面，已成为放射治疗中必不可少的方法之一。现代近距离放疗采用腔内、组织间插植、术中置管和敷贴放疗等 4 种基本治疗方式，可治的肿瘤遍及人体各种腔道和组织器官，有近 40 种癌瘤均可用近距离放疗法治疗。进入 20 世纪 90 年代，为了取得更高的疗效，新的近距离放疗法在不断的探求中。

（1）吻合式放射疗法：吻合式放射疗法（anastomosis radiotherapy）（或称适形放疗）是利用 3D（三维）图像及 CT 或磁共振所确定的肿瘤的大小，在组织间插植治疗时，从多角度多针插植给予剂量，以便加大对肿瘤的剂量，同时避免伤害周围正常组织，这样就改善了对局部的控制而不增加并发症的发生率。目前，吻合式放射疗法被评价为用于前列腺癌的一种能增加（或提高）对肿瘤的总剂量的治疗方法，有非常适形的剂量分布，而且已经取得了很好的近期和远期疗效。这种治疗方法也可称为三维近距离放射治疗。如果剂量的计算方法是逆向调强，也可称为调强近距离放疗（intensity modulated brachytherapy）。

（2）放射性核素永久插入法：对某些局限化的肿瘤（如前列腺癌 B 期）近来开发了一种新的治疗选择，即永久插入 ^{125}I 种子型小管（seed canaliculus）。种子型小管是在经直肠超声波的指引下用针植入的。

（3）对良性疾患的探索性治疗：随着现代近距离放疗的广泛临床应用，治疗方法的改进，对于使用 ^{192}Ir（铱）核素（isotopes）为放射源的治疗，在剂量学及放射生物学方面已有更深刻的认识。临床学家们注意到高剂量率的后装治疗其剂量学的特点是靶区局部剂量极高，剂量下降梯度显著和射程短，符合对良性疾患治疗的要求：低剂量、高局控率、短时治疗、无严重并发症等，所以为某些良性疾患提供了新的治疗方法。

三、章后思考题解答

1. 简述后装治疗机的基本结构和工作原理。

近距离后装治疗机基本结构包括：主机、控制系统、治疗计划系统、各种施源器。控制系统主要由控制单元、治疗单元两部分组成。采用计算机控制，通过串口发送和接收信号。

主机由送丝组件、分度组件、源罐组件、升降组件等几部分组成。γ 射线遥控后装治疗机的微型铱源焊接在细钢丝的一端，另一端连至步进电机驱动的绕丝轮上，按计算机程序的控制方式运行。各驻留位置的照射时间可任意设置，从而产生千变万化的剂量模式。治疗通道为 30 通道任意组合。由步进电机送源，步进数为 64 步，步长 2.5mm、5.0mm、7.5mm、10mm。

施源器是插入人体的部分，根据临床的需要，施源器的种类比较多。

工作原理：后装就是先把放射治疗的施源器放置在合适的位置或把施源针插植到合适的部位，然后拍片确认，经治疗计划系统计算剂量分布，得到满意结果后再启动开关，将放射源自动送到施源器或针内进行放射治疗的方法。这种治疗手段减少了操作人员的受量，方便病人护理，使大量手术拒治、外照射未控或复发的患者获得了再次治疗的机会。目前后装技术由传统的妇科治疗领域扩大到鼻咽、食管、支气管、直肠、膀胱、乳腺和胰腺等多种肿瘤治疗领域，可进行腔内、管道、组织间等各种照射，以新的治疗手段，取得了明显的临床效果。

2. 后装治疗机有哪几种类型？

近距离后装治疗机经过几十年的发展，种类繁多。根据放射源释放射线的类型分为 γ 射线遥控后装治疗机、中子近距离后装治疗机，其中 γ 射线后装治疗机应用的 γ 射线有 ^{137}Cs、^{60}Co、^{192}Ir，中子后装治疗机应用的为放射性核素 ^{252}Cf。根据放射源在治疗时的剂量率可分为低剂量率后装治疗机（LDR）、高剂量率腔内后装治疗机（HDR）。

3. 后装治疗机的优缺点有哪些？

现阶段主流市场使用的大多数都是以 ^{192}Ir 为放射源的高剂量率 γ 射线遥控后装治疗机，^{192}Ir 放射源具有活度高、源体小的特点，平均能量只有 0.384MeV，半价层为 3mmPb，半衰期只有 74d，易于防护，最高源强度在 370GBq（10Ci）以上，是唯一满足理想后装放射源四大要求（即足够的软组织穿透力、防护容易、半衰期较短、可加工成微型源同时源强度足够高）的放射性核素。

近距离后装治疗在放射治疗中的广泛应用及近距离放疗的技术发展，后装治疗又有了更加细致的分类，分为二维计划系统后装治疗系统、图像引导的近距离放疗系统、一体化后装治疗系统。一体化后装治疗系统是将 C 型定位机、影像传输系统、治疗计划系统、后装治疗机有机结合到一起，使对病人的插管、定位、做计划及治疗一次完成。一体化后装治疗系统可大大缩短治疗时间，降低医护人员劳动强度，减少病人的痛苦，确保放疗的质量，提高了后装治疗的安全性。

四、补充习题

（一）名词解释

1. 后装放射治疗
2. 施源器（applicator）
3. 吻合式放射疗法

（二）填空题

1. 近距离放射治疗设备（short range radiotherapy equipment）从广义的角度上说，就是放射源与治疗靶区的距离为_____以内的放射治疗，是与_____相对而言的。

2. 后装放射治疗（afterloading）是指在患者的治疗部位放置不带放射源的治疗容器，包括能与放射源传导管相连接的空的_____，_____可为单个或多个容器，然后在安全防护条件下或用遥控装置，在隔室将放射源通过放射源导管，送至并安放在患者体腔内空的导管内，进行放射治疗。

3. 放疗有_____两种形式，^{60}Co、X 线、加速器均属于_____，腔内照射和组织间放疗属于_____，"后装"放疗基本上等于_____。

4. γ 射线遥控后装治疗机主要用于人体腔内、管内和组织间恶性肿瘤的_____。

5. 近距离后装治疗机基本结构包括_____。

6. 后装治疗机使用的放射源是放射性核素_____,输出 γ 射线,平均能量是 380keV,半衰期 74d,约_____时间就需要更换新源。

（三）选择题

A1 型题（以下每一道考题下面有 A、B、C、D、E 五个备选答案。请从中选择一个最佳答案）

1. 近距离后装治疗机基本结构包括
   A. 主机、控制系统、治疗计划系统、各种施源器
   B. 主机、控制系统、治疗计划系统、串口发送系统
   C. 主机、控制系统、治疗计划系统、接收系统
   D. 主机、控制系统、治疗计划系统、治疗单元
   E. 主机、控制系统、控制单元、各种施源器

2. 近距离后装治疗机主机由_____组成
   A. 送丝组件、分度组件、源罐组件、升降组件等几部分
   B. 送丝组件、适配器组件、源罐组件、升降组件等几部分
   C. 送丝组件、分度组件、控制组件、升降组件等几部分
   D. 送丝组件、分度组件、源罐组件、磁控管组件等几部分
   E. X 波段、分度组件、源罐组件、升降组件等几部分

3. 后装治疗机使用的放射源是放射性核素 ^{192}Ir,输出 γ 射线,平均能量是_____keV,半衰期_____,约 6 个月时间就需要更换新源
   A. 平均能量是 380keV,半衰期 14d
   B. 平均能量是 180keV,半衰期 34d
   C. 平均能量是 280keV,半衰期 64d
   D. 平均能量是 580keV,半衰期 54d
   E. 平均能量是 380keV,半衰期 74d

4. γ 射线后装治疗机应用的 γ 射线有 ^{137}Cs、^{60}Co、^{192}Ir,中子后装治疗机应用的为放射性核素 ^{252}Cf。半价层为 3mmPb 的放射源是
   A. ^{137}Cs   B. ^{60}Co   C. ^{252}Cf   D. ^{125}I   E. ^{192}Ir

5. 近距治疗机相对于 ^{60}Co 治疗机和加速器等远距离治疗装置又称
   A. 浅照射   B. 外照射   C. 内照射   D. 探测效率   E. 精准照射

A2 型题（以下提供案例,下面有 A、B、C、D、E 五个备选答案。请从中选择一个最佳答案）

（6~7 题共用题干）

赵某,女,45 岁,宫颈癌,病变位于腹主动脉旁,无法正常进行手术治疗。经研究用放射性粒子近距离治疗。为了确保粒子植入能够在肉眼直视下进行,用什么设备方法进行治疗。

6. 最可能的治疗是
   A. 用 ^{125}I 粒子源植入的近距离照射
   B. 用镭作粒子源
   C. 利用准直器和 X 射线体外照射
   D. ^{131}I 粒子源植入,半衰期 59.6d,能量 27.4~31.5keV 的 X 线和 35.5keV 的 γ 射线,其剂量率一半为 0.05~0.10Gy/h,可永久植入人体,组织穿透距离为 1.7cm。大小为 0.8mm×4.5mm 圆柱体,外科用钛合金密封。^{131}I 高压消毒后即可应用
   E. 去化验科做生化检测

7. 治疗的首选方案是
   A. X 线胸片   B. CT 检查   C. 核医学设备检查

D. 超声检查　　　　　　　　　E. 采用放射性粒子植入

B型题（以下每题前面有A、B、C、D、E五个备选答案。请从中选择一个最佳答案填在合适的题干后面）

(8~12题共用备选答案)
A. 主机、控制系统、治疗计划系统、各种施源器
B. 送丝组件、分度组件、源罐组件、升降组件
C. 放射源驱动、限位器、应急回源驱动、带轮组件、模拟源驱动、紧带器、片基带、基板
D. 控制单元、治疗单元两部分
E. 硬件包括一套专用计算机，软件包括图像输入处理和图像输出功能、剂量规划与计算功能和治疗计划的评估与优化

8. 属于近距离后装治疗机结构组成的是
9. 属于近距离后装机主机的组成部件的是
10. 属于近距离后装机主机中送丝组件的是
11. 属于近距离后装治疗机控制系统的是
12. 属于近距离后装治疗机计划系统的是

（四）简答题
1. 简述后装治疗设备的结构组成。
2. 简述主机与送丝组件构成。
3. 简述后装治疗机的治疗过程。
4. 简述后装治疗机的工作原理。

五、补充习题参考答案

（一）名词解释

1. 后装放射治疗（afterloading）是指先在病人的治疗部位放置不带放射源的容器，包括能与放射源传导管相连接的装源管或相应的辅助器材（又称施源器），可为单个或多个容器，然后在安全防护条件下或用遥控装置，在隔室将放射源通过放射导管，送至已安放在病人体腔内的空导管内，进行放射治疗。γ射线遥控后装治疗机主要用于人体腔内、管内和组织间恶性肿瘤的近距离后装放射治疗。

2. 施源器（applicator）是插入人体的部分，根据临床的需要，施源器的种类比较多。是后装治疗机的重要组成部分，其作用是在治疗之前，先将施源器置于病灶附近，接口处与主机连接。根据被照射腔体或组织的不同部位和不同形状，可以设计制作各种各样的施源器，施源器的外形要与相应部位的腔体吻合，内部正好能够插进带有颗粒状辐射源的钢丝绳。施源器的另一端与机头最前面的施源器接口连接后，辐射源可以从机头内的储源腔里通过连接通道直接输送到施源器的病灶部位。治疗时，辐射源可以通过施源器以步进方式移动到所需要的照射部位进行逐点照射治疗，结束后辐射源被机器自动拉出施源器，退回机器的储源腔内储存备用。

常用施源器有：宫颈施源器、直肠施源器、阴道施源器、食管施源器、鼻咽施源器、插植针。

3. 吻合式放射疗法（anastomosis radiotherapy）（或称适形放疗）是利用3D（三维）图像及CT或磁共振所确定的肿瘤的大小，在组织间插植治疗时，从多角度多针插植给予剂量，以便加大对肿瘤的剂量，同时避免伤害周围正常组织，这样就改善了对局部的控制而不增加并发症的发生率。

（二）填空题

1. 5mm 至 5cm，远距离治疗（teletherapy）
2. 装源管，针或相应辅助器材（又称施源器 applicator）
3. 内照射和外照射，外照射，内照射，内照射
4. 近距离后装放射治疗
5. 主机、控制系统、治疗计划系统、各种施源器
6. ^{192}Ir、6 个月

（三）选择题

A1 型题

1. A 2. A 3. E 4. E 5. C

A2 型题

6. A 7. E

B 型题

8. A 9. B 10. C 11. D 12. E

（四）简答题

1. 简述后装治疗设备的结构组成。

主机、控制系统、治疗计划系统、各种施源器。控制系统主要由控制单元、治疗单元两部分组成。采用计算机控制，通过串口发送和接收信号。

主机由送丝组件、分度组件、源罐组件、升降组件等几部分组成。γ 射线遥控后装治疗机的微型铱源焊接在细钢丝的一端，另一端连至步进电机驱动的绕丝轮上，按计算机程序的控制方式运行。各驻留位置的照射时间可任意设置，从而产生千变万化的剂量模式。治疗通道为 30 通道任意组合。由步进电机送源，步进数为 64 步，步长 2.5mm、5.0mm、7.5mm、10mm。施源器是插入人体的部分，根据临床的需要，施源器的种类比较多。

2. 简述主机与送丝组件构成。

主机由送丝组件、分度组件、源罐组件、升降组件等几部分组成。

送丝组件由以下部分组成：放射源驱动、限位器、应急回源驱动、带轮组件、模拟源驱动、紧带器、片基带、基板等。

送丝组件主要是带动放射源的源缆将放射源从储源罐内送到治疗靶区，并在步进电机的驱动下，带动放射源移动，构成点源模拟线源的功效，形成剂量分布曲线治疗患者。

3. 简述后装治疗机的治疗过程。

（1）病人的准备：首先将施源器置于病人的治疗部位并固定好，将病人送入治疗室内，将每条施源器管与相应的治疗管连接好，并根据治疗记录中治疗管对应的通道号，将每条治疗管连接到分度盘上相应的通道中，然后将分度盘锁紧。

重新检查每条由施源器管与治疗管连接而成的送源通道，使它们尽量平直，没有大的弯曲，以免源在传送过程中受到阻塞。

在治疗室内的上述工作完成后，除病人外其他所有人离开治疗室，并将治疗室的门关上。操作人员回到控制室，继续下面的操作。

（2）病人的治疗：操作人员通过操作控制系统，执行计划系统传送过来的治疗计划，由机器自动将放射源送入治疗部位的施源器内。每个驻留点的治疗时间到后，放射源会自动退回到储源器中，完成一次照射过程，从而实现近距离后装治疗。

4. 简述后装治疗机的工作原理。

后装治疗(after-loading therapy)是放射治疗的一种方法。所谓后装就是先把放射治疗的施源器放置在合适的位置或把施源针插植到合适的部位,然后拍片确认,经治疗计划系统计算剂量分布,得到满意结果后再启动开关,将放射源自动送到施源器或针内进行放射治疗的方法。这种治疗手段减少了操作人员的受量,方便病人护理,使大量手术拒治、外照射未控或复发的患者获得了再次治疗的机会。目前后装技术由传统的妇科治疗领域扩大到鼻咽、食管、支气管、直肠、膀胱、乳腺和胰腺等多种肿瘤治疗领域,可进行腔内、管道、组织间等各种照射,以新的治疗手段,取得了明显的临床效果。

(石继飞)

第四章 ^{60}Co 治疗机

一、学习目标

1. **掌握** ^{60}Co γ 射线的优缺点，^{60}Co 治疗机的基本结构，^{60}Co 治疗机的半影。
2. **熟悉** 放射源 ^{60}Co 的制备工艺，^{60}Co 治疗机的工作原理，^{60}Co 治疗机的临床应用。
3. **了解** ^{60}Co 治疗机的合理应用，^{60}Co 源的更换步骤。

二、重点和难点内容

（一）概述

重点难点是：^{60}Co γ 射线的特点；^{60}Co 治疗机的分类。

1. ^{60}Co γ 射线的特点　穿透力强，深部剂量较高，适于治疗较深部肿瘤；保护皮肤，在建成区皮肤吸收量低，最大剂量点在皮下 4~5mm；骨和软组织有同等的吸收剂量，骨损伤小；旁向散射小，全身积分量低，全身反应轻；结构简单、成本低、维修方便、经济可靠。

2. ^{60}Co 治疗机的分类　固定式 ^{60}Co 治疗机（也称直立式治疗机）；回转式 ^{60}Co 治疗机；"百居里"治疗机；"千居里"治疗机；"万居里"治疗机。

（二）^{60}Co 治疗机的结构与原理

重点难点是：^{60}Co 治疗机的基本结构；^{60}Co 治疗机的工作原理；^{60}Co 治疗机的临床应用。

1. 回转式 ^{60}Co 治疗机的结构
（1）主机
（2）主控器
（3）摄像机
（4）控制室中的控制台

2. 回转式 ^{60}Co 治疗机的主机结构
（1）机架
（2）回转臂
（3）辐射头
（4）准直器
（5）平衡锤
（6）底座
（7）计时器及运动控制系统
（8）辐射安全及联锁系统

(9) 治疗床

3. ^{60}Co 半影

(1) 几何半影

(2) 穿射半影

(3) 散射半影

4. 临床应用　定期更换新源按照规程进行。

三、章后思考题解答

1. 简述用于外照射放射治疗的 ^{60}Co 治疗机的 γ 射线和 X 射线治疗机的射线的优缺点比较。

(1) 穿透力强：γ 射线具有较强的穿透能力及较高的能量，高能 γ 射线通过吸收介质时的衰减率比低能 X 射线要低。因此高能射线剂量随深度变化的程度比低能 X 射线慢，也就是说 γ 射线比低能 X 射线有较高的百分深度剂量，由于百分深度剂量高，所以 ^{60}Co 治疗时照射野的设计比低能 X 射线要简单，剂量分布也比较均匀。以半价层 HVT = 2.0mm 的 Cu 作为 X 线的准直，在焦皮距(focal spot to skin distance, FSD) = 50cm，照射野大小为 10cm×10cm 时，10cm 深处的百分深度量为 35.5%；而 SSD = 50cm，照射野大小为 10cm×10cm 的 ^{60}Co γ 射线为 49.9%。而且因 ^{60}Co 的剂量率一般较高，可用更大的源皮距(source-skin distance, SSD)，深度量可更大，SSD = 80cm 时为 55.8%。但是，γ 射线也可被高原子序数的原子核阻停，例如铅或铀，在实际应用中通常用这些材料来作屏蔽。

(2) 保护皮肤：^{60}Co γ 射线最大能量吸收发生在皮肤下 4~5mm 深度，剂量建成区皮肤剂量相对较小。因此给予同样的照射剂量，^{60}Co γ 射线引起的皮肤反应比 X 射线轻得多。如果在皮肤表面放置一块薄层吸收体，则 ^{60}Co γ 射线的这一优点将随之失去。因此在治疗摆位时、设计准直器或挡块时，应充分保证铅块或准直器底端与皮肤保持适当的距离(一般为 15cm 以上)，使得最大剂量的吸收不发生在皮肤上。

(3) 骨和软组织有同等的吸收剂量：低能 X 射线，由于光电效应占主要优势，骨骼的吸收剂量比软组织大得多。而对 ^{60}Co γ 射线，康普顿效应占主要优势，因此骨骼与软组织的吸收剂量近似相同。^{60}Co γ 射线的这一优点保证了当射线穿过正常骨组织时，不致引起骨损伤；另一方面，由于骨和软组织有同等吸收能力，在一些组织交界面处，等剂量曲线形状变化较小，治疗剂量比较精确。这些特点是低能 X 射线所没有的。

(4) 旁向散射小：^{60}Co γ 射线的次级射线主要向前散射，射线几何线束以外的旁向散射比 X 射线小得多，剂量下降快。因此保护了照射野边缘外的正常组织，减低了全身累积剂量。但是，如果设计 ^{60}Co 治疗机时几何半影和穿射半影很大，就会失去这种优点。

(5) 经济、可靠：^{60}Co γ 射线和低能 X 射线相比有上述许多独特优点。实际上 ^{60}Co γ 线和 2~4MV 高能 X 射线相似。超高压 X 射线机、加速器与 ^{60}Co 治疗机相比，它们的优点是源焦点很小，不存在几何半影。因此，线束边缘更加清晰，等剂量曲线更加扁平。而相反，^{60}Co γ 射线治疗机与超高压 X 射线机、加速器速器相比，有以下几个方面的缺点：①存在半影；②剂量曲线不能调节，出射量高；③半衰期短，需要定期更换 ^{60}Co 放射源；④属于低 LET 射线，相对生物效应较低；⑤防护要求高。但具有经济、可靠、结构简单、维护方便等优点。

2. 简述 ^{60}Co 治疗机的半影的成因和消减。

由于 ^{60}Co 放射源是非点源，有一定体积，且辐射野内射线的散射和有用射线通过准直器的厚度不一致，使确定的辐射野边沿附近有一个剂量由大到小的渐变区域，这个区域称为半影。^{60}Co 的半影区是指射线照射野内自 20%~50% 的等剂量曲线范围。主要有下列三种原因造成 ^{60}Co 治疗机的半影问题：

（1）几何半影：放射源具有一定尺寸，被准直器限束后，照射野边缘诸点分别受到面积不等的源照射，从而产生由高至低的剂量渐变分布。造成照射野内剂量分布的不均匀性，首先应考虑设法减少半影，为了减少几何半影，准直器与体表的距离越近越好，但距离太近不利于机器旋转照射，因此准直器一般距离体表不能低于15~20cm。

（2）穿射半影：即使是点状源，由于准直器端面与边缘线束不平行，使线束穿透的厚度不等，也会造成剂量渐变分布。为了减少穿射半影，准直器的厚度应大于4.5半价层，也就是说用铅做准直器时厚度应大于6cm，而且均采用复式球面结构。

（3）散射半影：用点状源和球面形准直器，可以消除几何半影和穿透半影，但剂量分布仍然存在渐变段，这主要是由于射线穿过组织后产生散射线的缘故。在照射野边缘，到达边缘的散射线主要由照射野内的散射线造成，照射野边缘距离照射野中心越远，散射线剂量越小。组织中的散射半影是无法消除的，但散射半影的大小随入射线的能量增大而减小。因此，^{60}Co γ射线能量越高，散射线主要往前，散射半影越小；γ射线能量越低，散射线呈各向同性，散射半影越大。

综上所述，半影区的构成是由几何半影、穿射半影和散射半影三种因素组成。前两种是由机器设计造成的，散射半影与射线的质和照射面积及被照射物质的密度、原子序数有关，也就是说，为了减少半影区，应采用高能量、小的照射野。

3. 简述^{60}Co治疗机的结构。

^{60}Co治疗机主要由安装在治疗室中的主机、手控器、摄像机和控制室中的控制台等组成。

^{60}Co治疗机主机主要有以下几个部分：①机架；②回转臂；③辐射头；④准直器；⑤平衡锤；⑥底座；⑦计时器及运动控制系统；⑧辐射安全及联锁系统；⑨治疗床。

四、补充习题

（一）名词解释

1. 光电效应
2. 康普顿效应
3. 电子对效应
4. 几何半影
5. 穿射半影
6. 散射半影

（二）填空题

1. 重金属元素Co有五种放射性核素：^{56}Co、^{57}Co、^{58}Co、^{59}Co和^{60}Co，_____是稳定核素（无放射性），_____都具有放射性。

2. 由于^{60}Co是富中子核素，它将会把多余的中子转变为质子并释放出能量为0.3MeV的_____射线，同时释放出能量为1.17MeV和1.33MeV的两种_____射线，其平均能量为1.25MeV。

3. 遮线器有许多不同形式，最为常见的有两类：_____和_____。

（三）选择题

A1型题（以下每一道考题下面有A、B、C、D、E五个备选答案。请从中选择一个最佳答案）

1. γ射线与电子束混合照射的物理学原理是利用了
   A. 电子束的皮肤剂量较高　　　　　　　B. 电子束的深部剂量较低

C. γ射线的皮肤剂量较低　　　　　　D. γ射线的深部剂量较高

E. 以上都对

2. 下列描述中，**错误**的是

A. 低能 X 射线加入楔形板后射线质变硬

B. ^{60}Co γ 射线质不受楔形板影响

C. 对 ^{60}Co 治疗机和加速器，楔形因子不随射野中心轴上的深度改变

D. 对于通用型系统，楔形因子随射线宽度而变化

E. 楔形因子定义为加和不加楔形板对射野中心轴上某一点剂量率之比

3. ^{60}Co 治疗机产生的放射线为

A. γ 射线　　B. β 射线　　C. α 射线　　D. 质子　　E. X 射线

4. ^{60}Co γ 射线的平均能量是

A. 0.25MeV　　B. 1.25MeV　　C. 2.25MeV　　D. 3.25MeV　　E. 4.25MeV

5. ^{60}Co 源 γ 衰变时释放出的 γ 射线有

A. 1 种能量　　B. 2 种能量　　C. 3 种能量　　D. 4 种能量　　E. 5 种能量

6. ^{60}Co γ 射线最大剂量深度是

A. 0.3cm　　B. 0.5cm　　C. 1.0cm　　D. 1.5cm　　E. 2.5cm

7. **不属于** ^{60}Co 治疗机组成部分的是

A. 治疗床　　B. 计时器　　C. 治疗机架　　D. 安全连锁　　E. 电离室

8. 关于 ^{60}Co γ 射线的特点，描述**错误**的是

A. ^{60}Co γ 射线比低能 X 射线的穿透力强

B. 骨和软组织有同等的吸收剂量

C. ^{60}Co γ 射线比低能 X 射线的皮肤剂量高

D. 旁向散射比 X 射线小

E. ^{60}Co γ 射线治疗经济可靠

A2 型题（以下提供案例，下面有 A、B、C、D、E 五个备选答案。请从中选择一个最佳答案）

(9~10 题共用题干)

^{60}Co 治疗机为远距离放射治疗设备，是放射治疗最主要的方式，通常提及放射治疗时多指远距离放射治疗，远距离放射治疗（teleradiotherapy）亦称外射束治疗（简称外照射）（external beam therapy），是指辐射源位于体外一定距离处（一般指放射源至皮肤距离大于 50cm），照射人体某一部位。

9. 以下**不属于**远距离放射治疗的是

A. ^{60}Co 治疗机

B. 医用电子直线加速器

C. 后装治疗机

D. 医用质子加速器

E. kV 级 X 线治疗设备

10. 以下**不是** ^{60}Co 治疗机组成部分的是

A. 治疗床

B. 计时器

C. 治疗机架

D. 安全联锁

E. 电离室

B 型题（以下每题前面有 A、B、C、D、E 五个备选答案。请从中选择一个最佳答案填在合适的题干后面）

（11~12题共用备选答案）

A. α 射线

B. β 射线

C. X 射线

D. 正电子

E. 中子

11. 以上哪种粒子或射线<u>不是</u>放射性核素发出的

12. 以上哪种粒子或射线可引起原子间接电离

（四）简答题

1. ^{60}Co 治疗机在治疗时的放射源运动方式可以分为几类？工作特点分别是什么？
2. 简述常用遮线器的类别及工作原理。

五、补充习题参考答案

（一）名词解释

1. 光电效应 作用原理是，当入射光子与距离原子核较近的壳层处具有高结合能的轨道电子发生相互作用时，光子将能量传递给电子后自己消失，而获得能量的电子会挣脱原子核的束缚成为自由电子，称这种自由电子为光电子。

2. 康普顿效应 作用原理是，当入射光子与距离原子核较远的低结合能轨道上的电子或自由电子发生作用时，光子将部分能量传递给电子，这时光子的波长变长，频率变低，并改变自己的运动方向。而获得能量的电子会脱离原子，这种作用过程称为康普顿效应。损失能量并改变方向后的光子称为散射光子，获得能量的电子称为反冲电子。

3. 电子对效应 当能量大于 1.02MeV 的光子通过原子核附近时，在原子核电场的作用下，光子突然消失转变成一个负电子和正电子组成的电子对，这种现象称为电子对效应。

4. 几何半影 放射源具有一定尺寸，被准直器限束后，照射野边缘诸点分别受到面积不等的源照射，从而产生由高至低的剂量渐变分布。

5. 穿射半影 即使是点状源，由于准直器端面与边缘线束不平行，使线束穿透的厚度不等，也会造成剂量渐变分布。

6. 散射半影 用点状源和球面形准直器，可以消除几何半影和穿透半影，但剂量分布仍然存在渐变段，这主要是由于射线穿过组织后产生散射线的缘故。

（二）填空题

1. ^{59}Co、^{56}Co、^{57}Co、^{58}Co、^{60}Co

2. β，γ

3. 轮动式，气动式

（三）选择题

A1 型题

1. E 2. D 3. A 4. B 5. B 6. B 7. E 8. C

A2 型题

9. C 10. E

第四章 ^{60}Co治疗机

B型题

11. C 12. C

（四）简答题

1. ^{60}Co治疗机在治疗时的放射源运动方式可以分为几类？工作特点分别是什么？

^{60}Co治疗机为远距离放射治疗设备，根据^{60}Co治疗机在治疗时的放射源运动方式可以将^{60}Co治疗机分为固定式和回转式两大类。固定式^{60}Co治疗机通常也称直立式治疗机，根据治疗的需要，它的治疗机头可以上、下运动，一般活动范围为135cm左右且不低于800mm，同时治疗机头可做不小于45°的角度转动。治疗床与机身分离，床的方向可任意转动，可以用椅子进行坐位治疗，可用大面积照射野治疗，照射距离变化较灵活。但做切线照射不太方便，等中心治疗也较困难。回转式^{60}Co治疗机的机架可做360°的旋转，机头可朝一定的方向移动，照射起来更加方便。回转式^{60}Co治疗机可以用做多种治疗方式，如等中心治疗、切野照射，有些旋转治疗机还可以做钟摆照射和定角照射等。回转式^{60}Co治疗机的治疗床为固定的，因此照射距离的大小可以通过升、降治疗床进行调节。

2. 简述常用遮线器的类别及工作原理。

遮线器有许多不同形式，最为常见的有两类：轮动式和气动式。轮动式^{60}Co治疗机可以灵活地选择使用和设计限束系统，在实际工作中，每关闭一次遮线器都要旋转半周。气动式^{60}Co治疗机由轮动式改进而来，用^{60}Co源的直线运动代替了旋转运动，通常设计成抽屉结构，^{60}Co源的抽屉运动一般靠气动或机械推动来实现。气动式遮线器是目前最常用的一种方式。

（许海兵）

第五章 医用电子直线加速器

一、学习目标

1. **掌握** 医用电子直线加速器的基本结构和工作原理。
2. **熟悉** 医用电子直线加速器的临床应用。
3. **了解** 医用电子直线加速器的使用与维护。

二、重点和难点内容

(一) 概述

重点和难点是:医用电子直线加速器的优点、基本功能和主要参数指标等。

医用电子直线加速器的优点主要有:加速器的射线穿透能力强;加速器既可输出高能 X 线,也可输出高能电子线;皮肤并发症显著减少;加速器的射线能够被有效控制;加速器一次可输出很高的能量,能缩短照射时间;加速器停机后放射线即消失。

1. 基本功能　医用电子直线加速器主要功能包括两大方面,一是产生射线,二是适合放疗。三相市电通过主电源箱加到调压器和高压电源,高压电源将该电压升压,经过整流和滤波,产生 12kV 直流电压输出到脉冲调制器。脉冲调制器将得到的直流高压转变为大功率脉冲供给磁控管或速调管,由磁控管震荡产生一定频率的微波功率,经微波传输系统馈入加速管,在加速管中建立起加速电场。加速管电子枪阴极表面发射的电子,被阴极与阳极间的电场加速,注入加速管加速腔,处于合适相位的电子受到微波电磁场加速,能量不断增加,在加速管末端轰击重金属靶,发生韧致辐射,产生 X 射线,将电子直接引出,就得到高能电子线。高能 X 射线或电子线经过辐射头的控制准直使其进一步适合放疗。

2. 主要参数指标　射线质量指标除了规定光子或电子线的各档能量之外,还包括射野(照射区域)内的射线平坦度和对称性指标。一般来说,光子的射线平坦度和对称性都不能超过 ±3%;电子射线平坦度不能超过 ±5%,对称性不能超过 ±2%。机械精度指标主要规定了等中心精度和射野精度。通常规定等中心精度不能 >±1mm。光子射野半影不能 >8mm。

(二) 医用电子直线加速器的结构与原理

重点和难点是:医用电子直线加速器的基本结构组成和工作原理。

1. 医用电子直线加速器的基本结构　医用电子直线加速器主要由加速管、微波功率源、微波传输系统、电子枪、束流系统、真空系统、恒温水冷却系统、电源及控制系统、偏转系统、照射头、治疗床等组成。加速管是医用电子直线加速器的核心部分,电子在加速管内通过微波电场加速。加速管主要有盘荷波导加速管和边耦合加速管两种基本结构。盘荷波导加速管是由在一段光滑的圆形波导上周期性地放置具有中心孔的圆形膜片而组成,应用于行波医用电子直线加速器。盘荷波导实际是通过膜片给波导增加负载,使通过的微波速度减慢下来,是一种慢波结构,是直线加速器发展的关键技术。边耦合加速管由一系列相互耦合的谐振腔链组成,应用于驻波医用电子直线加速器。边耦合结构是把不能加速电子的腔移到轴线两侧,轴线上的腔都是加速腔,缩短了加速距离。由于驻波在加速管内所建立的电场强度提高,能达到140kV/cm,提高了加速效率。微波功率源主要有两种——磁控管和速调管。行波医用电子直线加速器和低能医用电子直线加速器使用磁控管作为微波功率源。中高能驻波医用电子直线加速器使用速调管作为功率源。微波传输系统主要包括隔离器、波导窗、波导、取样波导、输入输出耦合器、三端或四端环流器、终端吸收负载、自动稳频等组成。电子枪为医用电子直线加速器提供被加速电子。行波医用电子直线加速器的电子枪阴极采用钨或钍钨制成,有直热式、间接式和轰击式三种加热方式。驻波医用电子直线加速器的电子枪由氧化物制成。束流系统由偏转线圈、聚焦线圈等组成,控制束流运动方向,提高束流品质。真空系统为被加速电子不因与空气中分子相碰而损失掉提供保证。一般使用离子泵保持医用电子直线加速器的运行真空。恒温水冷却系统带走微波源等发热部件产生的热量。为保证整个系统恒温,恒温水冷却系统需要一定水流压力和流量。照射头和治疗床属于应用部分。

2. 医用电子直线加速器的工作原理　医用电子直线加速器的基本工作原理是:在"高压脉冲调制系统"的统一协调控制下,一方面,"微波源"向加速管内注入微波功率,建立起动态加速电场;另一方面,"电子枪"向加速管内适时发射电子。只要注入的电子与动态加速电场的相位和前进速度(行波)或交变速度(驻波)都能保持一致,就可以得到所需的电子能量。如果被加速后的电子直接从辐射系统的"窗口"输出,就是高能电子线,若打靶之后输出,就是高能X线。

(三) 加速管与束流传输系统

重点和难点是:医用电子直线加速器的加速理论模型及两种加速管的结构和工作原理。

1. 加速管的理论模型

(1) 行波加速管的基本理论模型:根据电子加速理论模型,电子只能在加速缝隙 D 中得到加速。若平均电场强度为 $E=Va/D$,则一个电子通过加速缝隙所获得的能量为 eVa。电子经过加速缝后,进入没有电场的金属筒内,便不能被加速。如何使加速得以持续,一种直观的想法是如果某加速系统能以电子相同的速度前进,电子一直处于加速缝中,即一直能感受到加速电场,则加速能持续。

现实中不可能存在这样的系统。由于电子很轻,经过几十千电子伏的加速之后,速度就可与光速相比拟,而一个宏观的系统是不可能以光速前进的。不过这种想法却启发人们去寻找某种形式的电场,它能以接近光速的速度向前运动。第二次世界大战一结束,英美两国一些在第二次世界大战中研究雷达的科技人员就组成了七八个小组,思索这个问题,他们不少人都不约而同地想到在雷达技术中广泛应用的圆波导管(如直径约10cm的圆管),在其中可激励起一种具有纵向分量的电场(TM_{01} 模),它可以用来加速电子。它在圆波导管内传播时,波的相速度可以大于光速。因此要想利用这种电场来同步加速电子,保证电子加速到哪里,加速电场就跟着到哪里,即加速电场可以不断推着电子向前走,就必须把在圆波导中传播的这种 TM_{01} 模的电磁场的传播速度(相速度)慢下来。

在圆波导中周期性插入带中孔的圆形膜片,依靠这些膜片的反射作用,可以使电磁场相位传播速度慢下来,甚至光速以下,这样就能实现对电子的同步加速,这种波导管,称为盘荷波导加速管。

(2) 驻波加速管的基本理论模型:加速电子的另一种模型是在一系列圆筒电极之间,分别接上频率相同的交变电源,如果该频率f_a和筒电极缝隙之间距离D满足$D=v/2f_a$的关系(v为电子运动速度),则电子可以持续被加速。

理论上,增加加速单元的数目,则电子的加速能量可以线性增加。在加速缝隙中,加速电场的振幅值随时间是交变的,沿z轴也是交变的,在缝隙中央幅值最高,而在圆筒中央电场为零。当然这只是一个模型,在工程上很难实现,也不合适。因为若D取5cm,v近似光速,则f_a等于3000MHz,这样高频率的高压是不可能用电线传输的,而要实现这种加速模型只能在一个谐振腔列(链)中完成。加速管结构中所有的腔体都谐振在这个频率上,相邻两腔间距离为D,而腔间电场相位差刚好为180°,即腔间电场刚好方向相反。接近光速c的电子在一个腔的飞(渡)越时间$T=D/c$,等于管中电磁场振荡的半周期,因此电子的飞跃时间刚好和加速电场更换方向时间一致,从而能持续加速。这种加速模型被称为驻波加速。

2. 行波加速管 其核心是电子速度和行波相速之间必须满足同步条件:

$$v(z)=v_p(z)$$

电子在行波电场作用下,速度不断增加,要求行波电场的传播速度也同步增加,以对电子施加有效的作用。显然,若同步条件遭到破坏,电场就不能对电子施加有效的加速,如果电子落入减速相位,电子还会受到减速。

电子刚注入直线加速器时,动能为10~40keV,电子速度$v=0.17\sim0.37c$;当加速到1~2MeV时,电子速度就达到$v=0.94\sim0.98c$,如前所述,其后能量再增加,电子速度也不再增加多少了。由于这一特点,加速能量大于2MeV的电子时,行波电场的波速可以不变,等于光速,即用结构均匀的盘荷波导就可持续加速电子,从而简化盘荷波导加速管的设计和加工。

3. 驻波加速管 驻波工作方式是加速管的末端不接匹配负载,而接短路面,使微波在终端反射,所反射的微波沿电子加速的反方向前进,如果加速结构的始端也放置短路面,那么上述的反射功率在始端再次被反射,如果加速管的长度合适,则反射波和入射波相位一致,加强了入射波,在加速管内形成驻波状态。

当加速管比较短时,驻波加速方式比较有利,在相同的微波功率、相同的加速结构下,可使电子获得较高的能量。

用两金属板短接盘荷波导而构成的驻波结构最简单,但分流阻抗低。而且工作在$\pi/2$模时,有半数腔只起耦合作用,对加速没有贡献,加速效率很低;而工作在2π模,又由于模式分隔窄,腔数不能太多,以及群速度很低不利稳定工作,因此这种单周期驻波加速结构没有竞争力。

20世纪60年代初,终于发展了一种新颖的驻波加速结构——边耦合驻波加速结构。它的基本思想是,把工作在驻波工作状态$\pi/2$模时只起耦合作用的腔,从束流轴线上移开,移到加速腔的边上,耦合腔留下来的空间为加速腔所扩展占有,加速腔通过边孔和耦合腔耦合,相邻两个加速腔相差180°。此结构既具有π模的效率,又具有$\pi/2$模的工作稳定性。由于这种边耦合驻波加速结构分流阻抗高、工作稳定性好、尺寸加工精度要求低,因此很快就被美国按比例缩小,把原来加速质子的加速结构改成适合加速电子的结构,并于1968年先后成功地把边耦合结构应用于医用和无损检测用的驻波电子直线加速器。该成果在电子直线加速器发展史上具有里程碑意义,使驻波电子直线加速器的发展进入了一个崭新的阶段。

驻波加速管结构在驻波电子直线加速器中占有重要地位,它是驻波加速器的核心,它的性能很大程度上决定了整机的性能。在30年的发展历程中,出现过各种各样的驻波加速管结构。根据不同的特点,它们有不同的分类:一种是按每一个腔的平均相移来划分,分为π模、$2\pi/3$模、0模;一种是按结构包括的周期数来划分,分为单周期、双周期、三周期;一种是按耦合孔位置来划分,分为轴耦合、边耦合、环腔耦合;一种是按电磁场耦合方式来划分,分为电耦合与磁耦合。

4. 行波与驻波加速器的结构比较　医用电子直线加速器有两种加速管结构,即行波加速管与驻波加速管。这两种加速管不仅结构与长度不同,整机配置和部件不同,还有以下差别。

(1) 加速管结构与长度:驻波结构中可利用微波功率有所提高,由于来回反射,驻波加速结构等效的输入功率提高了,等效的输入功率等于多次来回反射功率的级数和;如果采用相同的结构,当加速管很长,两种结构的能量增益差别很小;当加速管很短时,两种结构的能量增益差别很大。

(2) 建场时间:行波加速管中电磁场的建立只要一次传输就可完成,驻波加速管中电磁场的建立是通过波在加速管内来回反射建立的,驻波建场时间要比行波建场时间长2.5~3.5倍。

(3) 频率稳定系统:行波加速管与驻波加速管的负载特性与功率特性具有相同的形式,但两者频率特性不同,频率稳定性要求也不同。

行波加速管频率稳定性的要求与行波加速管的色散特性有关,在工作频率附近,当频率偏离工作频率时,会引起电子相对于波的滑相,使能谱变坏,能量降低,为此要求采用频率稳定系统,对于工作频率为3000MHz左右的行波加速管,要求频率稳定度为160kHz左右。

中、高能医用电子直线加速器要求X线辐射方式有2~3挡能量,电子辐射方式有多挡能量。在X辐射方式时,因能谱要求较高,通常采用调节输入功率方式调节能量,频率有时也要微调;在电子辐射方式,因流强非常低,能谱要求不高,通常采用调节频率方式调节能量,因此行波加速管容许有数个不同的工作频率,每个工作频率对应不同的能量。

进入驻波加速管的微波容许频率变化范围由驻波加速管的品质因素决定。驻波加速管自动稳频系统的稳定度由容许的X线辐射剂量率稳定度决定,对于工作频率为3000MHz左右的驻波加速管,当要求剂量率稳定度为±3%时,由前面计算,要求频率稳定度在±20kHz。

驻波加速管虽然有多个分立谐振频率,但满足电子动力学设计要求的只有一个工作频率。当微波功率发生器的频率偏离工作频率±200kHz时,微波功率根本不能进入驻波加速管,因此驻波加速管自动稳频系统只容许有一个工作点。

(4) 偏转系统:行波与驻波医用电子直线加速器的一个重要差别是它们的能谱,使用者可能并不能直接感觉到它们的差别,因为设计者已采取一些措施来弥补。电子直线加速器输出的电子束流并不是单一能量的,能谱是指流强随能量的分布。能谱(S)定义为峰值流强一半处的能谱宽度(FWHM)δV与峰值流强处能量V_0之比。显然,S愈小,能谱愈好。

低能医用电子直线加速器采取直束式,不同能量电子均可打靶,驻波加速管产生的X线辐射含低能成分较多。

偏转系统对不同能量粒子的敏感程度称为色差。中高能医用电子直线加速器采用偏转磁铁系统,有两种形式,一类是简单的90°单偏转磁铁系统,另一类是270°复合偏转磁铁系统。90°单偏转磁铁系统是色差系统,对电子束的能谱极为敏感,不同能量的电子将沿不同曲率半径散开,散开的宽度正比于能谱宽度。

能谱愈宽,愈不对称,打靶后产生的X辐射分布愈不对称,为下一步均整工作带来困难。行波加速管因能谱较好,早期大都采用简单的90°单偏转磁铁系统。随着消色差偏转系统的出现,现代行波电子直线加速器亦都采用消色差偏转系统。

驻波加速管出现后由于能谱较差,遇到偏转的困难,不得不采用具有消色差功能的270°复合偏转磁铁系统。消色差偏转系统的特点是对于能散度不敏感,也对散射角不敏感。偏转以后束斑仍能保持圆形。

(5) 微波传输系统:驻波传输系统与行波传输系统在要求上有所不同。

驻波传输系统上的微波器件要求承受较高的电场强度,要插入能吸收全部反射功率的环流器作为隔离器件,以防微波功率返回造成对微波功率发生器破坏。

行波加速管可视为阻抗不变化的负载,并且可认为是一个匹配负载。行波加速管是一种带通器件,在一定频率范围内,微波功率反射很少。为防止加速管内或波导内打火引起功率反射,仍须在行波传输系统中插入能吸收大部功率的隔离器作为隔离器件。每次脉冲从开始到结束,微波功率都是单向流通的。行波传输系统沿传输波导电场分布是均匀分布的,除非因严重打火造成反射使传输系统形成驻波状态。

(6) 电子枪:驻波加速管的加速场强较高,所需电子初始能量较低,较好的驻波加速管注入电压在 1~10kV 即可,电子枪的高度较小,只有 3cm 左右。行波加速管由于加速场强较低,所需注入电压在 40~100kV,电子枪的高度较高,一般在 10~20cm。

(7) 温控系统:由于同样的温度变化对行波加速管和驻波加速管产生几乎同样的工作频率波动,约为 50kHz/℃,而驻波加速管要求频差比行波加速管要求频差要小得多,如果不采用自动稳频系统,则驻波加速管对温控系统的要求很高,为±0.4℃。行波加速管采用双腔自动稳频系统,这种双腔自动稳频系统的稳定点对温度很敏感,要求稳在±1℃。驻波加速管采用锁相自动稳频系统,这种锁相自动稳频系统对温度不敏感,采用温控系统主要为了使微波功率源的频率不致过分偏离中心点。

综上所述,驻波加速管具有较高的效率,加速管与电子枪较短,结构紧凑,但对脉冲调制器、自动稳频系统、偏转系统、微波传输系统等都有较高的要求,而行波加速管虽然效率较低,但能谱较好,能量调节较容易。

5. 束流传输系统 由聚焦系统、导向系统及偏转系统组成。聚焦系统主要是为了使加速束流在加速过程中,不致因受射频电磁场作用以及束流内部电子之间的空间电荷作用力而散开,或因外部杂散磁场作用而偏离轨道,从而最终顺利地打靶或引出。导向系统用于校正因安装原因或外部磁场引起的束流轨道偏斜。偏转系统用于改变束流运动的方向。

(四) 电子发射系统

重点和难点是:电子发射系统的基本结构;电子发射系统的工作原理;电子枪的种类。

1. 电子发射系统概述

2. 电子枪的基本结构与特点 医用电子直线加速器的电子发射系统主要由一台电子枪及一套专用供电电源和相应的控制电路组成。

(1) 电子枪:包括阴极和阳极两个主要部分。

(2) 供电电源:主要是为满足加速电场对电子注入形态、注入数量、注入时机和电子射程等各项技术要求而设计的。包括枪灯丝加热电源、脉冲负高压电源、联锁保护等控制电路。

医用电子直线加速器配用的电子枪有二极电子枪和三极(栅控)电子枪两类。

3. 电子枪的工作原理 在电子枪的阴极和阳极之间加上直流电压时,两极之间就会建立起由阳极指向阴极的直流电场。如果阴极使用比较活泼的金属材料,在直流电场的作用下,阴极上的自由电子就具备了向阳极移动的趋势,有的电子会脱离阴极向阳极移动。常温下电子的发射数量是非常有限的,为了增加自由电子的活性与发射数量,必须对阴极加热升温,所以通常要有加热阴极用的电热丝,我们称之为枪灯丝。在一定的范围内,温度越高,电子的发射能力越强,即枪电流越大。

(五) 微波系统

重点和难点是:微波传输系统的基本组成和工作原理,磁控管和速调管的工作原理,自动稳频工作原理。

第五章 医用电子直线加速器

1. **微波基础** 微波是指频率为 300MHz 至 300GHz 的电磁波,是无线电波中一个有限频带的简称,即波长在 1mm 到 1m 之间的电磁波。

绝大多数医用电子直线加速器工作于 S 波段,标称频率为 2998MHz 或 2856MHz。作为微波源使用的有磁控管和速调管,其中磁控管本身是能发射高功率微波的自激振荡器,体积小,重量轻,设备比较简单;但至今 S 波段可调谐的磁控管最高的脉冲功率约为 5MW,多应用于中低能量的医用电子直线加速器。采用速调管为功率源的加速器可得到较高的微波输入功率,但设备较为庞大,且速调管是一种微波功率放大器,必须配备有小功率的微波激励源驱动,才能输出高功率微波。

2. **微波系统组成** 是由各种无源的微波元器件组成的,主要是将微波输出的功率馈送进加速管中,用以激励加速电子所需的电磁场,并且在传输过程中还必须能消除或隔离加速管作为负载对微波源的影响,以保证系统的稳定运行,同时也能提供系统运行的频率及功率的监控信息。

3. **磁控管与速调管** 磁控管作用空间中的电子同时受到三个场的作用:即恒定电场,恒定磁场和高频电磁场。恒定电场将阳极电源(从脉冲调制器输出)的能量转化为电子的动能;恒定磁场使电子运动轨迹弯曲,做旋转运动,进而激发耦合腔链,产生微波频段的交变电磁场;高频交变场将进一步与电子相互作用,使电子减速,将电子的动能转换为微波能。

当速调管工作时,首先要注入低功率微波源,让四个谐振腔受激产生共振。这时,由电子枪注入的电子束流处于相对松散的状态,当这些电子高速运动经过输入腔槽口时,只要相位合适,必然会通过能量交换来加强腔内的初始振荡功率,而电子本身的动能也会降低,其结果是处于正半周的电子被减速。同样原因,处于负半周的电子会被加速,即电子速度被"调制",经过速度调制的电子群,处在前边的电子速度降低,而后面的电子速度增加。在经过"漂移管"时,前边的电子与后边的电子会进一步向一起靠拢,这种电子向一起汇聚的现象称为电子的"群聚"效应。另外,因大量电子聚在一起具有散焦作用,速调管还必须套一个大功率的聚焦线圈,以便对高速运动的电子产生更大的径向群聚作用。如果能让"群聚"过的电子在漂移管内的渡越时间正好等于高频场振荡的半周期,即经过第二腔和第三腔时,高频振荡方向正好反向,则这些电子会受到进一步的"群聚"作用,形成一个个体积很小,但能量很高的电子束群。当达到最后一个谐振腔,即输出腔时,可将"群聚"电子团看成一个个携带巨大电量与能量的小"电子球",这些球与球之间的距离正好就是电磁振荡的一个周期行进的距离,于是,就可以在最后一个腔的出口处输出,频率由驱动器确定,而功率被巨幅放大的微波能量。由于经过"速度调制"才能获得"群聚"电子,并最终产生微波功率放大效应,所以,这种微波源被称为"速度调制微波管",简称"速调管"。

4. **微波传输器件** 微波频段的电磁波,尤其是大功率微波能量必须通过波导管传输,而医用电子直线加速器一般是采用矩形波导管。定向耦合器是一种具有方向性的微波功率或微波信号分配器,可以对主传输系统中的入射波和反射波范围分别取样,用于监测微波传输系统的频率、相位或频谱特性,也可以用来提供自动控制电路所需的信号。在微波能量的传输过程中,为了实现微波功率的分配或合成,这就需要设计各种类型的分支接头。波导连接技术是保证微波正常传输的重要环节,特别是大功率微波传输系统的连接,不但要保证良好的电气连接,还要具有足够的气密性,以保证微波传输系统的真空度或充气系统较低的漏气率。如果连接不好,不但会破坏气密性,还会引起接触损耗或微波反射。另外,在传输大功率微波时,还会引起放电打火现象,轻则影响微波传输的稳定性,严重时甚至会损坏波导管。医用电子直线加速器的微波源和加速管都是高度真空器件,但处于中间的微波传输系统却不能进行真空处理,这就要求在微波传输系统的接口处设置"波导窗"器件。其作用是,既能保证微波源和加速管的真空状态,又能让微波功率"透过"窗口顺利传输。微波传输系统中,有时会遇到不同微波器件之间不同波导结构的相互转换问题。例如,磁控管的微波输出窗口要接圆波导,而微波传输系统是采用方形波导,这就需要波导转换器件。为了调节传输的微波功率或改变微波信号的相位,在电路中常用到衰减器或微波移相器。衰减器通常是在波导中放置一片与吸收负载类似的吸收介质片,放置的方向与电场方向平行。当从微波源向加速管输送微波能量时,为了防止因微波反射而影响微波源的正常工作,就必须在微波源与加速管之间安装微波隔离器,其作用是只允许正向微波能量通过,禁止反射波的通过。隔离器与环流器就是对传输的入射波和反射波呈现方向性的元件,都应用了铁氧体材料。

5. 微波频率自动控制系统　电子直线加速器微波功率源的振荡频率必须与加速管的工作频率相一致,才能保证加速器的稳定工作,否则就会因为频率的偏离,造成电子能量的降低和电子能谱的增宽,从而导致加速器输出剂量率的降低,甚至导致停止出束。通常,磁控管和速调管微波源系统通过自身的微波频率调谐机构自动调整微波频率与加速管工作频率一致。

(六) 高压脉冲调制系统

重点和难点是:高压脉冲调制系统的基本结构;高压脉冲调制系统的工作原理。

1. 高压脉冲调制系统的基本结构　主要有高压电源、充电电路(一般包括充点电感、充电隔离元件)、脉冲形成网络(PFN,有时也叫人工线或仿真线)、放电开关等部分。在实用中通常还包括脉冲变压器、触发器和匹配电路等。

2. 高压脉冲调制系统的工作原理　高压电源通过充电电感、隔离元件向仿真线充电,在充电结束时,仿真线被充上约2倍于电源的电压值;放电时,在触发脉冲的激励下,放电开关管导通,仿真线通过放电回路将能量传给负载。

(七) 辐射系统

重点和难点是:辐射系统的基本结构;辐射系统的工作原理。

1. 辐射系统的基本结构　主要由移动靶、准直系统、辐射野光学模拟系统和辐射分布系统组成。

2. 辐射系统的工作原理　辐射系统是医用电子直线加速器上的辐射头部分,它能够将加速管产生的自然分布的辐射束流转换为满足临床需要的具有一定均匀性和对称性要求的辐射束流,并通过准直器将束流限制在一定的照射区域内,得到临床需要的不同尺寸的辐射野。

(八) 充气、温控与真空系统

重点和难点是:充气、温控与真空系统的基本结构;充气、温控与真空系统的工作原理。

1. 基本结构　波导充气系统是指给微波传输系统充以一定压强的特定气体的一套装置;温控系统由一套水循环强制冷却自动恒温系统组成;真空系统主要由一台离子泵以及监控系统组成。

2. 工作原理　充气系统是为了增加波导内气体分子的密度,以缩短气体分子运动的平均自由程,从而提高波导击穿强度阈值。温控系统是把恒温水的温度控制在一定的范围内,以保证医用电子直线加速器的产热部件在恒温下稳定工作。真空系统是利用各种吸气作用将气体吸附排除。

(九) 剂量监测系统与控制系统

重点和难点是:剂量监测系统与控制系统的基本结构、工作原理。

1. 剂量监测系统(dose monitoring system)　剂量监测系统的功能是显示医用加速器的辐射输出,表示在规定条件下某点的吸收剂量,作为纽带建立剂量学基准及医疗照射时患者所受吸收剂量之间的量值溯源关系,同时为医用加速器提供控制信号。

剂量监测系统的定义是:医用加速器上测量和显示直接与吸收剂量有关的辐射量的装置,该装置具有到达预选值时终止辐照的功能。

剂量监测系统是将医用电子加速器的X线辐射或电子线辐射应用于放射治疗的基础之一，是放射治疗标准化的重要环节。为了准确理解剂量监测系统，应当对电离辐射的量、单位、测量和传递有一定的了解。

放射治疗的效果与肿瘤所吸收的辐射能量即吸收剂量直接有关，因此放射治疗的中心工作是如何准确地照射，使肿瘤部位达到给定的吸收剂量。而人体肿瘤的吸收剂量是无法直接测量的，于是人们选择水作为替代物进行测量，因为水和软组织的辐射效应比较接近，水吸收剂量成为放疗中最重要的量。

这个量的单位就是剂量监测计数（dose monitor unit）或称机器单位（machine unit，MU），俗称"跳数"。剂量监测计数的定义是：剂量监测系统显示的，可以计算吸收剂量的计数。

由上面两个定义可以得出，剂量监测的辐射量不是吸收剂量，MU当然也不是吸收剂量单位。但是剂量监测的量与吸收剂量有直接联系，就是说，一旦条件确定，便可以将一定的剂量监测计数转换计算为确定条件下一定的吸收剂量。

剂量监测系统还具有一些扩展的功能，例如当到达预选值时终止辐照，当加速器辐射输出的剂量率变化太大时终止辐照等，而且这些扩展功能往往是医用加速器的重要安全功能。

具有类似功能的另外一个装置是控制计时器。控制计时器是测量辐照进行的时间的装置，在医用加速器中常常用于安全控制，即当辐照时间超出正常辐照时间时终止辐照。该装置在医用加速器中自然不属于剂量监测系统，但是可以认为是剂量监测系统的延伸。

剂量监测系统由剂量监测电离室和剂量监测电路组成。剂量监测电离室安装在医用电子加速器的辐射头中。

（1）电离室：是一种探测电离辐射的气体探测器。其原理是，当探测器受到射线照射时，射线与气体中的分子作用，产生由一个电子和一个正离子组成的离子对，这些离子向周围区域自由扩散。扩散过程中，电子和正离子可以复合重新形成个性分子。但是，若在构成气体探测器的收集极和高压极上加直流的极化电压V，形成电场，电子和正离子就会分别被拉向正负两极，并被收集。随着极化电压V逐渐增加，气体探测器的工作状态就会从复合区、饱和区、正比区、有限正比区、盖革-米勒区（Geiger-Müller region，G-M region）一直变化到连续放电区。

所谓电离室即工作在饱和区的气体探测器，因而饱和区又称电离室区。在该区内，如果选择了适当的极化电压，复合效应便可忽略，也没有碰撞放大产生，此时可认为射线产生的初始离子对恰好全部被收集，形成电离电流，该电离电流正比于射线强度。电流大小可以用一台灵敏度很高的静电计测量。

因此，电离室主要由收集极和高压极组成，收集极和高压极之间是气体。与气体探测器不同的是，电离室一般以一个大气压左右的空气为灵敏体积，该部分可与外界完全连通，也可以处于封闭状态。其周围是由导电的空气等效材料或组织等效材料构成的电极，中心是收集电极，二极间加一定的极化电压形成电场。为了使收集到的电离离子全部形成电离电流，减少漏电损失，在收集极和高压极之间需要增加保护极。

当X线、γ射线照射电离室，光子与电离室材料发生相互作用，主要在电离室壁产生次级电子，次级电子使电离室内的空气电离，正负电荷在电场的作用下向二极运动，到达收集极的离子被收集，形成电离电流信号输出给测量单元。

（2）剂量监测电路：根据医用加速器的用途和性质，剂量监测系统所起的作用无论对于治疗和安全都十分重要，因此国际电工委员会（International Electrotechnical Commission，IEC）建议一台医用电子加速器至少要有两套独立的剂量监测系统，这两套剂量监测系统的电离室也应当是独立的。近年来所有加速器都安装了两套独立的剂量监测系统。

测量电路的作用是将电离室收集的电离电流转换为剂量监测系统可记录和识别的信号,要求保证转换完成输出的信号尽可能不失真地反映电离室电离电流的大小,以满足国家标准对剂量的准确性、线性和重复性的要求。

2. 控制系统　医用电子加速器的安全和精确操作是由其控制和联锁系统实现的,控制系统的作用是确保加速器:①给出预选的辐射类型;②给出预选的辐射能量;③给出预选的吸收剂量;④按辐射束对患者的预选关系进行辐照(例如固定束治疗、移动束治疗、限束装置等);⑤产生的辐射对患者、操作者、其他人员或周围环境不会造成伤害。

近年来,加速器上采用的各种技术以控制系统发展最迅速,从20世纪60年代还用大量电子管,经过晶体管、集成电路到目前采用的数字化控制系统。它可简化放射治疗的组织和行政管理工作,使操作人员有更多的时间考虑病人和医疗,可以确保机器的参数设置和医生要求完全相同,并提供集中显示和永久性记录。控制系统主要以高压、前置放大和接口电路为主。

三、章后思考题解答

1. 简述行波和驻波加速管的理论模型。

(1) 行波加速管的理论模型:根据电子加速理论,电子只能在加速缝隙 D 中得到加速。若平均电场强度为 $E=Va/D$,则一个电子通过加速缝隙所获得的能量为 eVa。电子经过加速缝后,进入没有电场的金属筒内,便不能被加速。如何使加速得以持续,一种直观的想法是如果某加速系统能以电子相同的速度前进,电子一直处于加速缝中,即一直能感受到加速电场,则加速能持续。

现实中不可能存在这样的系统。由于电子很轻,经过几十千电子伏的加速之后,速度就可与光速相比拟,而一个宏观的系统是不可能以光速前进的。不过这种想法却启发人们去寻找某种形式的电场,它能以接近光速的速度向前运动。第二次世界大战一结束,英美两国一些在第二次世界大战中研究雷达的科技人员就组成了七八个小组,思索这个问题,他们不少人都不约而同地想到在雷达技术中广泛应用的圆波导管(如直径约10cm的圆管),在其中可激励起一种具有纵向分量的电场(TM_{01} 模),它可以用来加速电子。它在圆波导管内传播时,波的相速度可以大于光速。因此要想利用这种电场来同步加速电子,保证电子加速到哪里,加速电场就跟着到哪里,即加速电场可以不断推着电子向前走,就必须把在圆波导中传播的这种 TM_{01} 模的电磁场的传播速度(相速度)慢下来。

(2) 驻波加速管的理论模型:是在一系列圆筒电极之间,分别接上频率相同的交变电源,如果该频率 f_a 和筒电极缝隙之间距离 D 满足 $D=v/2f_a$ 的关系(v 为电子运动速度),则电子可以持续被加速。

理论上,增加加速单元的数目,则电子的加速能量可以线性增加。在加速缝隙中,加速电场的振幅值随时间是交变的,沿 z 轴也是交变的,在缝隙中央幅值最高,而在圆筒中央电场为零。当然这只是一个模型,在工程上很难实现,也不合适。因为若 D 取 5cm,v 近似光速,则 f_a 等于 3000MHz,这样高频率的高压是不可能用电线传输的,而要实现这种加速模型只能在一个谐振腔列(链)中完成。加速管结构中所有的腔体都谐振在这个频率上,相邻两腔间距离为 D,而腔间电场相位差刚好为 180°,即腔间电场刚好方向相反。接近光速 c 的电子在一个腔的飞(渡)越时间 $T=D/c$,等于管中电磁场振荡的半周期,因此电子的飞跃时间刚好和加速电场更换方向时间一致,从而能持续加速。这种加速模型被称为驻波加速。

2. 试分析驻波锁相自动稳频系统原理。

驻波加速器只有一个工作频率,就是驻波加速管的谐振频率,微波功率源的频率必须等于驻

第五章 医用电子直线加速器

波加速管的谐振频率,如果微波功率源频率偏离驻波加速管的谐振频率,不仅会引起能量及剂量率的下降,而且会产生功率反射,甚至不能工作。因此,驻波加速器微波频率自动控制系统就是为了将微波锁定在加速管的唯一工作频率上,又叫锁相自动稳频系统。

这种自动稳频系统也是采用定向耦合器取样,共设了两个微波信号取样点,一个设在磁控管与环流器之间,检测的是入射波信号,另一个设在环流器与负载之间,检测的是反射波信号。其中入射波信号经过移相器送到混合环的输入口 1,反射波信号送到混合环的输入口 4。端口 2 和端口 3 输出的信号分别经过检波二极管送到处理电路驱动电机控制磁控管调谐机构以实现微波频率的自动控制与自动调节。

驻波加速器工作时,加速管与磁控管系统处于匹配状态,就不会产生反射波,端口 4 就监测不到反射波信号,混合环内只有端口 1 监测到的入射波信号,这时微波频率不需要调节,通过设置和调节取样保持电路与信号处理电路的相关参数,可让信号处理电路没有输出,后级电路和调谐机构不动作,微波频率保持不变;如果由于某种原因导致系统失谐,例如当温度变化或束流负载变化而引起微波频率变化时,就会产生反射波。当两个输出端口信号的幅值增加时,信号处理电路会给出正的调节指令,通过后级电路和驱动电机让调谐机构正转以提高磁控管的谐振频率;当两个输出信号的幅值减小时,信号处理电路就会给出负的调节指令,通过后级电路和驱动电机让调谐机构反转降低磁控管的谐振频率,实现了驻波加速器微波锁相自动稳频功能。

3. 简述医用电子直线加速器的工作原理。

医用电子直线加速器的基本工作原理是:在"高压脉冲调制系统"的统一协调控制下,一方面,"微波源"向加速管内注入微波功率,建立起动态加速电场;另一方面,"电子枪"向加速管内适时发射电子。只要注入的电子与动态加速电场的相位和前进速度(行波)或交变速度(驻波)都能保持一致,就可以得到所需要的电子能量。如果被加速后的电子直接从辐射系统的"窗口"输出,就是高能电子线,若打靶之后输出,就是高能 X 线。

当然,为了让电子束能按照预定目标加速并得到所需要的能量,还必须有许多附加系统的协调配合:微波系统是为了传输微波功率并将微波频率控制在允许范围之内;电子发射系统是为了控制电子发射数量、发射角度、发射速度和发射时机等;真空系统可以保持电子运动区域和加速管内高度真空状态,一方面避免电子发射系统的灯丝因氧化而烧断,另一方面避免电子与空气分子碰撞而损失能量,此外,防止极间打火也是设置真空系统的主要目的之一;束流控制系统的作用是让被加速电子束聚焦、对中和偏转输出;辐射系统的作用是按照需要对电子束进行 X 线转换和均整输出,或直接均整后输出电子射线,并对输出的 X 线或电子线进行实时监测和限束照射;温度自动控制系统的作用是让加速管、微波源(磁控管或速调管)、聚焦线圈、导向线圈、偏转线圈和 X 线靶等产热部件保持恒温以达到稳定工作的基本条件;显然,机械系统、电气控制与安全保护系统和计算机网络系统等也都是医用电子直线加速器能够持续稳定工作的必备条件。

4. 简述加速器 X 线辐射野系统的组成及其作用。

医用电子直线加速器的 X 辐射准直系统包括:初级准直器、次级准直器和附加准直器(多叶准直器)。

初级准直器一方面决定了该加速器所能提供的最大辐射野范围,另一方面能够阻挡最大辐射野范围外的由辐射源产生的初级辐射。

次级准直器由上下两层光阑组成,两层光阑垂直交叉布局,四个光阑的工作面在空间形成四棱锥体,对辐射束加以准直。

随着精确放射治疗技术的发展,现代医用电子直线加速器一般都配置多叶准直器(multi-leaf collimator,简称 MLC)。MLC 是以用高密度的钨合金制作的叶片替代传统的铅挡块以屏蔽射线,用来产生适形辐射野,实现动态、静态调强及适形放射治疗。

四、补充习题

(一) 名词解释
1. 医用电子直线加速器
2. 盘荷波导加速管
3. 边耦合加速管
4. 电离室
5. 电子枪
6. 微波传输系统
7. 定向耦合器
8. 自动稳频控制系统
9. 高压脉冲形成网络
10. 多叶准直器
11. 波导充气系统
12. 温控系统

(二) 填空题

1. 按照输出能量的高低划分,医用电子直线加速器一般分为_____、_____和_____三种类型。按加速管工作原理方式划分,医用电子直线加速器分_____方式和_____方式。

2. 从设备的角度来看,医用电子直线加速器主要功能包括两大方面,一是_____,二是_____。

3. 微波功率源主要有_____和_____两种,行波医用电子直线加速器和低能医用电子直线加速器使用_____作为微波功率源。中高能驻波医用电子直线加速器使用_____作为功率源。

4. 微波传输系统主要包括_____、_____、_____、_____、_____等组成。

5. 驻波加速管结构根据不同的特点,它们有不同的分类:一种是按每一个腔的平均相移来划分,分为_____、_____、_____;一种是按结构包括的周期数来划分,分为_____、_____;一种是按耦合孔位置来划分,分为_____、_____、_____;一种是按电磁场耦合方式来划分,分为_____与_____。

6. 根据束流弯转路径的不同,医用电子直线加速器的偏转磁铁系统基本分为_____偏转和_____偏转两大类。

7. 电子枪的基本结构包括_____和_____,有_____和_____两类。

8. 多叶准直器是以用_____制作的叶片替代传统的铅挡块以屏蔽射线,它能够实现_____、_____及_____放射治疗。

9. 电子直线加速器的自动稳频系统主要作用是调整微波功率源的振荡频率必须与_____的工作频率相一致,以保证设备的稳定工作。

10. 为磁控管和速调管的阴极提供脉冲负高压的是_____。

11. 波导充气系统是指给_____充以一定压强的特定气体的一套装置;而真空系统则用来保证_____、_____或速调管维持高真空状态。

第五章 医用电子直线加速器

（三）选择题

A1 型题（以下每一道考题下面有 A、B、C、D、E 五个备选答案。请从中选择一个最佳答案）

1. 关于医用加速器的特点叙述**不正确**的是
   A. 输出能量较高
   B. 剂量分布特性较好
   C. 输出不同能量的光子
   D. 医用电子直线加速器是放疗领域的主流机型
   E. 采用内照射，辐射损伤小

2. 对直线加速器中电子枪的**错误**解释是
   A. 提供被加速的电子
   B. 可由钍钨材料制成
   C. 电子枪可永久使用
   D. 电子枪有直热式、间接式和轰击式三种
   E. 电子枪可由氧化物制成

3. 医用电子直线加速器应用的微波频段为
   A. L 频段
   B. S 频段
   C. C 频段
   D. X 频段
   E. K 频段

4. 适于作加速器 X 线靶的材料是
   A. 铜靶
   B. 金靶
   C. 钼靶
   D. 铍靶
   E. 银靶

5. **不包括**在加速器治疗机头内的部件是
   A. 靶
   B. 均整器、散射箔
   C. 实时成像监视
   D. 剂量监测电离室
   E. 准直器铅门

6. 盘荷波导加速管主要应用于
   A. 驻波医用电子直线加速器
   B. 行波医用电子直线加速器
   C. 电子回旋加速器
   D. 电子感应加速器
   E. 质子加速器

7. 关于边耦合加速管的特点，**不正确**的是
   A. 分流阻抗高
   B. 加速效率高
   C. 管体较短
   D. 结构加工简单
   E. 焊接麻烦

8. 高压脉冲调制器的电路组成**不包括**
   A. 充、放电回路
   B. LC 振荡电路
   C. 反峰电路
   D. RC 匹配电路
   E. DeQ 稳幅电路

9. 等中心给角照射以下哪项条件稍有误差不会影响靶区中心移位
   A. 源轴距
   B. 机架角
   C. 体位
   D. 射野中心
   E. 都会影响

10. 低能医用电子直线加速器使用的功率源一般是
    A. 波导窗
    B. 加速管
    C. 磁控管
    D. 耦合管
    E. 速调管

11. 医用电子直线加速器中**不属**微波传输系统组成部分的是
    A. 隔离器、取样波导
    B. 波导窗、输入输出耦合器
    C. 终端吸收负载
    D. 自动稳频系统
    E. 离子泵

12. 要求直线加速器加速系统保持高真空的理由是
    A. 避免被加速的电子与空气分子碰撞、延长电子枪寿命、提高加速管频电场的击穿强度
    B. 防止加速管老化、延长电子枪寿命、提高高频电场的击穿强度
    C. 延长电子枪寿命、提高高频电场的击穿强度
    D. 防止钛窗波疲劳、延长电子枪寿命、提高高频电场的击穿强度

E. 提高高频电场的击穿强度、延长电子枪寿命
13. 加速器有些部位为防止在强电场下放电,需充适量绝缘气体,下列气体中目前最常用的气体是
   A. 氮气　　　B. 六氟化硫　　C. 空气　　　D. 氟利昂　　　E. 氦气
14. 加速器需要充气的部位是
   A. 波导管　　B. 加速管　　　C. 电子枪　　D. 调制器　　　E. 速调管
15. 医用电子直线加速器的基本组成部分**不包括**
   A. 加速管　　　　　B. 恒温水冷却系统　　　　C. 电源及控制系统
   D. 激光定位灯　　　E. 治疗床
16. 医用加速器**不需要**冷却系统支持的发热部件是
   A. 加速管　　B. 焦距线圈　　C. 钛泵　　　D. 靶　　　　　E. 磁铁
17. 对下列概念中**错误**的定义是
   A. 入射点与出射点:表示射线中心轴与人体或体模表面的交点
   B. 源皮距:表示射线源到人体或体模表面照射野中心的距离
   C. 源瘤距:表示射线源沿着射野中心轴到肿瘤内所考虑的点的距离
   D. 源轴距:表示射线源到机架旋转中心的距离
   E. 源皮距:表示人体或体模表面到机架旋转中心的距离
18. 医用电子直线加速器中磁控管的结构**不包括**
   A. 阴极　　　B. 阳极　　　　C. 外加磁场　　D. 调谐机构　　E. 波导窗
19. 加速器特性检测允许精度**不正确**的是
   A. 灯光野与实际射野的符合性,允许精度在±2mm 以内
   B. X 线能量的检查 J_{20}/J_{10} 比值变化全在±2mm 以内
   C. 电子束能量的允许精度即治疗深度 R_{85} 的变化量为±2mm 以内
   D. 剂量测量允许精度均在±2mm 以内
   E. 加速器上的监督剂量仪线性,允许精度为±1mm 以内
20. 加速器 X 线和电子束平坦度的允许精度是
   A. ±1%　　　B. ±2%　　　C. ±3%　　　D. ±4%　　　E. ±5%
21. 对滤过板的**错误**描述是
   A. 滤过板是为了去掉低能部分,改善射线质量
   B. 滤过板以降低剂量率,延长治疗时间为代价而提高平均能量
   C. 同一管电压,滤过板不同所得半价层也不同
   D. 使用复合滤过板,从射线窗口向外,先放原子序数低的后放高的
   E. 低能 X 线,滤过板材料为铝,能量较高时,材料为铜
22. 不属于加速器日检的项目是
   A. 电源、电压、频率、相位　　　B. 安全联锁
   C. 机械运转　　　　　　　　　　D. 电子枪灯丝电压
   E. 射野、剂量
23. 临床上用 MV 表示射线能量的应是
   A. ^{60}Co 治疗机　　B. 直线加速器 X 线　　C. 直线加速器电子线
   D. 深部治疗机 X 线　　E. 后装放射源
24. 电子直线加速器微波源是哪个器件

A. 闸流管、波导管　　　　B. 加速管、波导管　　　　C. 速调管、磁控管
D. 磁控管、波导管　　　　E. 波导管

25. 医用电子直线加速器开始用于肿瘤治疗的时间是
    A. 1945 年　　B. 1953 年　　C. 1956 年　　D. 1962 年　　E. 1978 年

26. 引起加速器 X 线输出剂量下降的主要因素是
    A. 磁控管功率不足,脉冲调制器工作异常、电子枪老化、束流线圈子参数漂移
    B. 脉冲调制器工作异常、真空异常、电子枪老化、束流线圈子参数漂移
    C. 电子枪老化、真空异常、脉冲调制器工作异常、束流线圈子参数漂移
    D. 束流线圈子参数漂移、真空异常、脉冲调制器工作异常、电子枪老化
    E. 真空异常、脉冲调制器工作异常、电子枪老化、束流线圈子参数漂移

27. 日常影响加速器正常运行的主要因素是
    A. 输出剂量高,工作紧张
    B. 能量选择范围宽,容易乱
    C. 射线种类有 X 线、电子线,可出错
    D. 高技术产品,结构复杂,故障多
    E. X 射线能量高,表面剂量低

28. 电子直线加速器把电子加速到高能是利用
    A. 交变的旋涡电场　　B. 交变的超高频电场　　C. 微波电场
    D. 磁场　　　　　　　E. 超声场

29. 医用直线加速器的核心部位是
    A. 电子枪　　B. 加速管　　C. 微波功率源　　D. 束流系统　　E. 照射头

30. 盘荷波导加速管主要应用于
    A. 驻波医用电子直线加速器　　　B. 行波医用电子直线加速器
    C. 电子回旋加速器　　　　　　　D. 电子感应加速器
    E. 质子加速器

31. 医用电子直线加速器加速的粒子是
    A. 分子　　B. 质子　　C. 电子　　D. 中子　　E. 都不是

32. 医用电子直线加速器内<u>不是</u>微波传输系统的部件是
    A. 磁控管　　B. 隔离器　　C. 波导　　D. 环流器　　E. 吸收负载

33. 下列<u>不是</u>直线加速器束流系统部件的是
    A. 聚焦线圈　　B. 导向线圈　　C. 偏转磁铁　　D. 隔离器　　E. 对中线圈

34. 下列哪项<u>不属</u>驻波电子直线加速器的特点
    A. 分流阻抗高　　B. 频率稳定性好　　C. 束流负载影响小
    D. 结构紧凑体积小　　E. 加速管长

35. 为保证安全医用加速器联锁装置必须装配,但目前可能还没装配的联锁项目是
    A. 高压联锁　　　B. 射线泄漏联锁　　　C. 剂量偏差联锁
    D. 真空联锁　　　E. 温度控制联锁

36. 医用加速器<u>不需要</u>冷却系统支持的发热部件是
    A. 加速管　　B. 焦距线圈　　C. 钛泵　　D. 靶　　E. 磁铁

37. 波导传输最主要的波型是
    A. 高次波　　B. TE 波　　C. TM 波　　D. TEM 波　　E. 以上都不是

38. 我国是从哪年开始进行医用电子直线加速器研制生产的
    A. 1956年   B. 1963年   C. 1977年   D. 1980年   E. 1982年
39. 医用加速器治疗时与患者安全相关的安全联锁未设定项是
    A. 射线种类   B. 能量选择
    C. 工作频率漂移   D. 三道输出剂量监测
    E. 机头、机架角、治疗床运动限制
40. **不易**引起行波加速器照射野内均匀性变坏的因素是
    A. 均整控制系统   B. 电子束打靶位置偏移
    C. 束流变化   D. 能谱改变
    E. 加速器能量异常

A2型题(以下提供案例,下面有A、B、C、D、E五个备选答案。请从中选择一个最佳答案)

(41~47题共用题干)

王某,男,75岁,前列腺癌,无法正常进行手术治疗。经研究采用医用电子直线加速器放射治疗。为了确保治疗效果,操作摆位需要满足以下精度要求。

41. 放疗摆位中SSD的允许精度为
    A. ±0.1cm
    B. ±0.2cm
    C. ±0.3cm
    D. ±0.5cm
    E. ±2cm

42. 放疗摆位中SAD的允许精度为
    A. ±0.1cm
    B. ±0.2cm
    C. ±0.3cm
    D. ±0.5cm
    E. ±2cm

43. 放疗摆位中铅挡块与体表野(E线)的允许精度为
    A. ±0.1cm
    B. ±0.2cm
    C. ±0.3cm
    D. ±0.4cm
    E. ±0.5cm

44. 放疗摆位中定位激光灯中心的水平与垂直的允许精度为
    A. ±0.1cm
    B. ±0.2cm
    C. ±0.3cm
    D. ±0.4cm
    E. ±0.5cm

45. 放疗摆位中机架角的允许精度为
    A. ±0.1
    B. ±0.2

C. ±0.3

D. ±0.4

E. ±1

46. 放疗摆位中治疗床高度的允许精度为

A. ±0.2cm

B. ±0.3cm

C. ±0.4cm

D. ±0.5cm

E. ±1cm

47. 放疗摆位中照射时间的允许精度为

A. ±0.01min

B. ±0.02min

C. ±0.03min

D. ±0.1min

E. ±0.2min

B 型题（以下每题前面有 A、B、C、D、E 五个备选答案。请从中选择一个最佳答案填在合适的题干后面）

（48~50 题共用备选答案）

A. STD

B. SAD

C. SDD

D. SSD

E. SDT

48. 源皮距的正确英文缩写是

49. 源瘤距的正确英文缩写是

50. 源轴距的正确英文缩写是

（四）简答题

1. 医用电子直线加速器的优点有哪些？
2. 简述医用电子直线加速器中加速管的分类和结构。
3. 简述行波电子直线加速器中电子加速的基本原理。
4. 270°消色差偏转系统的分类有哪些？
5. 简述磁控管的基本结构和工作原理。
6. 磁控管为什么要定期老练？
7. 随着放射治疗调强技术的发展，直线加速器的非均整模式在肿瘤放射治疗中发挥着越来越重要的作用。这种模式与传统治疗方式有什么不同？它会影响 X 辐射野的哪个指标？
8. 简述电离室的工作原理。

五、补充习题参考答案

（一）名词解释

1. 医用电子直线加速器　是利用微波电场对电子进行加速，产生高能射线，用于人类医学实践中远距离外照射放射治疗活动的大型医疗设备。其中"医用"表示设备的用途是用于人体肿瘤治疗,应符合医疗设备的特殊要求;"电子"表示被加速粒子是电子,而非质子或其他重离子;"直线"表示电子束在加速过程中的运动轨迹是一条直线;"加速器"表示是一种应用高能物理理论进行束流加速的装置。它能产生高能 X 射线和电子线,具有剂量率高照射时间短照射野大剂量均匀性和稳定性好及半影区小等特点,广泛应用于各种肿瘤治疗,特别是对深部肿瘤的治疗。

2. 盘荷波导加速管　是由在一段光滑的圆形波导上周期性地放置具有中心孔的圆形膜片而组成,应用于行波医用电子直线加速器。盘荷波导实际是通过膜片给波导增加负载,使通过的微波速度减慢下来,是一种慢波结构,是直线加速器发展的关键技术。

3. 边耦合加速管　是由一系列相互耦合的谐振腔链组成,应用于驻波医用电子直线加速器。边耦合结构是把不能加速电子的腔移到轴线两侧,轴线上的腔都是加速腔,缩短了加速距离。由于驻波在加速管内所建立的电场强度提高,能达到 140kV/cm,提高了加速效率。

4. 电离室　是一种探测电离辐射的气体探测器。其原理是,当探测器受到射线照射时,射线与气体中的分子作用,产生由一个电子和一个正离子组成的离子对,这些离子向周围区域自由扩散。扩散过程中,电子和正离子可以复合重新形成个性分子。所谓电离室即工作在饱和区的气体探测器,因而饱和区又称电离室区。在该区内,如果选择了适当的极化电压,复合效应便可忽略,也没有碰撞放大产生,此时可认为射线产生的初始离子对恰好全部被收集,形成电离电流,该电离电流正比于射线强度。电流大小可以用一台灵敏度很高的静电计测量。

5. 电子枪　是一种电子发射器,是电子发射系统的核心器件,也是医用电子直线加速器的心脏部件之一。任何类型的电子枪,必须包括阴极和阳极两个主要部分。在阴极和阳极之间加上直流电压时,两极之间就会建立起由阳极指向阴极的直流电场。如果阴极使用比较活泼的金属材料,在直流电场的作用下,阴极上的自由电子就具备了向阳极移动的趋势,有的电子会脱离阴极向阳极移动。显然,电场强度越高,电子的移动速度就越快。如果阳极上留有孔洞,只要直流电场的分布状态合适,移动电子就会向孔洞轴线处集中,有一部分电子会穿过孔洞,然后依靠惯性继续前进,这种情况就叫作电子发射。但是,常温下电子的发射数量非常有限,为了增加自由电子的活性与发射数量,必须对阴极加热升温,所以通常要有加热阴极用的电热丝,称之为枪灯丝。有时可以把枪灯丝直接作为阴极使用。电子是由电子枪阴极发出的,阴极是比较活泼的金属材料。加热阴极是增加电子发射能力的常用且有效的方法,通过加热增加电子逸出能力的阴极叫作热阴极。一般来讲,在一定的范围内,温度越高,电子发射能力越强,即枪电流越大。

6. 微波传输系统　由各种无源微波元器件组成,主要功能是将微波输出的功率馈送进加速管中,用以激励加速电子所需的电磁场,并且在传输过程中必须能消除或隔离加速管作为负载对微波源的影响,以保证系统的稳定运行,同时也能提供系统运行频率及功率的监控信息。

7. 定向耦合器　是一种具有方向性的微波功率或微波信号分配器,可以对主传输系统中的入射波和反射波范围分别取样,用于监测微波传输系统的频率、相位或频谱特性,也可以用来提供自动控制电路所需的信号。

8. 自动稳频控制系统(auto frequency control system, AFC)　是为了协调微波源与加速管之间的电磁振荡频率一致性的重要环节。电子直线加速器微波功率源的振荡频率必须与加速管的工作频率相一致,才能保证加速器的稳定工作,否则就会因为频率的偏离,造成电子能量的降低和电子能谱的增宽,从而导致加速器输出剂量率降低,甚至导致停止出束。因此电子直线加速器中都设有自动稳频系统。通常磁控管和速调管微波源系统本身都会带有微波频率调谐机构,以便于随时进行微波频率的自动控制与调节。目前电子直线加速器常用的自动稳频系统有两种:双腔型、锁相型。行波医用加速器的微波系统有的采用双腔型,也有的采用锁相型；驻波医用加速器的微波系统都采用锁相型。

9. 高压脉冲形成网络（pulse forming network，PFN） 也被称为仿真传输线，简称"仿真线"。这种仿真线兼具两个功能，即充电储能和放电脉冲两个阶段。在充电储能阶段，仿真线可以等效于一个集中电容器参数。高压放电方波脉冲阶段，之所以能够产生所期望的高压方波脉冲，是基于开放式传输线理论而专门设计的高压脉冲形成网络。从理论上分析，当接通电源后，之所以不能瞬间传遍整条传输线，是因为传输线本身存在着无数个等效串联电感，而两根平行传输线之间存在着无数个等效并联电容，这些等效电感和等效电容统称为传输线的"分布参数"，相应的等效阻抗就被称为传输线的"特征阻抗"。

10. 多叶准直器 随着精确放射治疗技术的发展，现代医用电子直线加速器一般都配置多叶准直器（multi-leaf collimator，MLC）。它是用来产生适形辐射野的机械运动部件，俗称多叶光栅。MLC 是以用高密度的钨合金制作的叶片替代传统的铅挡块以屏蔽射线，以相应对数的电机驱动叶片，通过计算机控制和检测叶片和箱体的位置、速度，并且与加速器的二级准直器协同工作，动、静态调制射野形状，实现动态、静态调强及适形放射治疗。

11. 波导充气系统 指给微波传输系统充以一定压强的特定气体的一套装置。充气的目的，是为了增加波导内气体分子的密度，以缩短气体分子运动的平均自由程，从而提高波导击穿强度阈值。所充的气体，一般多为干燥高纯氮（N_2）、氟利昂（F_{12}）或六氟化硫（SF_6）等。所选气体的种类都是基于其绝缘强度、安全性能和来源的可能性。在相同状况下，由于 SF_6 的电击穿强度高于干燥高纯氮的电击穿强度，故医用电子直线加速器的微波传输系统大多充以六氟化硫。

12. 温控系统 在医用电子直线加速器中有许多产热部件，如加速管、磁控管（速调管）、聚焦线圈、导向线圈、偏转线圈、脉冲变压器、X线靶和吸收负载等。这些器件只有在恒温条件下才能保证稳定工作。因此，温度自动控制系统也是医用电子直线加速器的重要组成部分。在医用电子直线加速器中，温度控制方式一般是采用水循环强制冷却自动恒温系统。

（二）填空题

1. 低能机，中能机，高能机，行波加速，驻波加速
2. 产生射线，适合放疗
3. 磁控管，速调管，磁控管，速调管
4. 隔离器，波导窗，波导，取样波导，输入输出耦合器，三端或四端环流器，终端吸收负载，自动稳频
5. π模，2π/3模，0模，单周期，双周期，三周期，轴耦合，边耦合，环腔耦合，电耦合，磁耦合
6. 90°，270°
7. 阴极，阳极，二极电子枪，三极电子枪
8. 高密度的钨合金，动态调强，静态调强，适形
9. 加速管
10. 高压脉冲调制系统
11. 微波传输系统，加速管，磁控管

（三）选择题

A1 题型

1. E 2. C 3. B 4. B 5. C 6. B 7. D 8. B 9. B 10. C 11. E 12. A 13. B 14. A 15. D 16. C 17. E 18. E 19. D 20. C 21. D 22. D 23. D 24. D 25. B 26. A 27. D 28. C 29. B 30. B 31. C 32. E 33. D 34. E 35. B 36. C 37. B 38. A 39. D 40. A

A2 题型
41. D　42. D　43. E　44. A　45. A　46. D　47. A

B 型题
48. D　49. A　50. B

（四）简答题

1. 医用电子直线加速器的优点有哪些？

（1）加速器的射线穿透能力强：各种射线穿透组织的能力与其本身所具备的能量成正比。一般 X 线治疗机输出的射线能量只有 200kV 左右，^{60}Co 治疗机发生的 γ 射线也只能达到 1.25MV。而加速器输出的能量可达到 6MV 甚至更高，且可根据病人不同情况对输出能量大小进行调整。因此，加速器对深在的体积较大肿瘤病灶，能够给以更有效的杀灭。

（2）加速器既可输出高能 X 线，也可输出高能电子线：电子线到达预定部位后能量迅速下降，因而能减少射线对病变后面正常组织的危害，特别适于体表或靠近体表的各种肿瘤。例如，采用电子线治疗乳腺癌，肺部及心脏损害就比 ^{60}Co 少得多。

（3）皮肤并发症显著减少：放疗引起的皮肤并发症，与射线具备的能量成反比。X 线以皮肤吸收能量最高，^{60}Co γ 射线最大能量吸收在皮下 4~5mm 的深度。加速器的高能 X 线最大能量吸收在皮下 15~30mm 的深度，在治疗内脏肿瘤时，皮肤及皮下组织吸收的射线很少，会显著减少皮肤及皮下组织的损伤。

（4）加速器的射线能够被有效控制：由于配有精准的肿瘤病灶定位装置，可保证射线集中于肿瘤组织，对肿瘤旁正常组织影响很小。特别是肿瘤病灶附近有重要器官时，加速器的这一优点尤其突出。

（5）加速器一次可输出很高的能量，能缩短照射时间：手术切除肿瘤时，有时难免有肉眼看不见的肿瘤细胞或手术难以切净的肿瘤病灶残留在患者体内，可能导致日后局部复发或转移。一般的放疗设备对此无能为力，而加速器可以相对容易地消灭这些肿瘤细胞。

（6）加速器停机后放射线即消失：加速器不存在 ^{60}Co 等具有的射线泄漏和衰减问题，有利于保护环境和保证疗效。

2. 简述医用电子直线加速器中加速管的分类和结构。

加速管是医用电子直线加速器的核心部分，电子在加速管内通过微波电场加速。加速管主要有盘荷波导加速管和边耦合加速管两种基本结构。

盘荷波导加速管是由在一段光滑的圆形波导上周期性地放置具有中心孔的圆形膜片而组成，应用于行波医用电子直线加速器。盘荷波导实际是通过膜片给波导增加负载，使通过的微波速度减慢下来，是一种慢波结构，是直线加速器发展的关键技术。

边耦合加速管由一系列相互耦合的谐振腔链组成，应用于驻波医用电子直线加速器。

边耦合结构是把不能加速电子的腔移到轴线两侧，轴线上的腔都是加速腔，缩短了加速距离。由于驻波在加速管内所建立的电场强度提高，能达到 140kV/cm，提高了加速效率。

3. 简述行波电子直线加速器中电子加速的基本原理。

假设有一电子 e 在 t_1 时刻处于 A 点，此时波导管内的电场可见《放射治疗设备学》的图 5-12A。此时电子正好处于电场加速力的作用下，开始加速向前运动。至 t_2 时刻电子到达 B 点，此时由于电波也在"向前"移动（实际上是电场在各点的幅值随时间变化），电子正好在 t_2 时刻，又处于加速场的作用下。如果波的速度和电子运动速度一致，那么电子将持续受到加速。但由于这种波的传播速度（相速度）大于光速，即大于电子运动的速度，因此必须将波速减慢。为此，在波导管内加上许多圆盘状光栏，改变圆盘间的间距可以改变波的传播速度（相速）。

53

这种以圆盘光栏为负荷来减慢行波相速的波导管称为"盘荷波导管"。在开始阶段由于电子速度较小,因此间距小些,使波的传播速度慢些,随着电子速度增加,慢慢增加其间距,使波速也随之很快达到光速后,间距可保持不变,即波速也接近光速,这种波称为行波。利用这种波加速电子的直线加速器称为行波电子直线加速器。

4. 270°消色差偏转系统的分类有哪些?

(1) 滑雪式三磁铁270°消色差偏转系统:滑雪式三磁铁270°消色差偏转系统从原理上是由三块90°偏转磁铁组合而成,其中间一块是反向布置的,另外,为节省旋转机架高度的需要,入射方向不是水平的,因而各偏转磁铁不是严格的90°,这种复合偏转系统能消除能散对束流的影响,给出理想的束斑。

(2) 分立式三磁铁270°消色差偏转系统:由三块独立的90°均匀场偏转磁铁和相应的漂移段组成。其特点是电子束轨迹位置调整比较方便,但垂直于加速管方向上偏转系统尺寸较大,有些医用电子直线加速器为了不提高等中心高度,需要将X线靶位置上提,在真空区内设靶拖动机构,使结构和制造工艺比较复杂。

(3) 分立式双磁铁270°消色差偏转系统:分立式双磁铁270°消色差偏转系统由两块均匀磁铁及漂移段组成。第一块磁铁偏转大于180°,第二块磁铁偏转小于90°。特点是垂直于加速管方向上偏转系统尺寸可以相当小,设计时可根据需要自由调整漂移段长度,同时需加一对反对称四极透镜调整输入束的空间参数以匹配磁铁聚焦性能。

(4) 整体式270°消色差偏转系统:由一块带有一个梯度区和两个均匀区的偏转磁铁组成。其特点是垂直和平行于加速管方向上的偏转系统尺寸均可控制得较小,梯度磁场对束空间特性的调整能力较强,但梯度场区的设计和加工比较复杂。

5. 简述磁控管的基本结构和工作原理。

(1) 磁控管的基本结构:磁控管系统的基本结构包括管体和管外磁铁两大部分,而管体又可分为阴极和阳极两个主要部分。管体是微波产生与发射的主体结构;管外磁铁可以是永久磁铁,也可以是电磁铁,一般来讲,小功率的磁控管多是采用永久磁铁,大功率的磁控管多是采用电磁铁。其作用是为管体提供轴向磁场,是磁控管微波振荡系统不可或缺的重要组成部分。但在一般情况下,管体和管外磁铁是分别安装的。

(2) 磁控管的基本原理:磁控管其实是一种管内被抽成高度真空状态的特殊二极管结构,但其输入的是电功率,输出的微波功率。从外形上看,磁控管的一端有阴极(灯丝)接头,另一端是用高强度玻璃封堵的微波输出端口,而阳极与外壳连为一体(零电位)。此外,外观上还可以看到两个水管接口和一个调谐机构接口,以便分别连接外部冷却水管与外部的频率调谐机构。

磁控管作用空间中的电子同时受到三个场的作用,即恒定电场、恒定磁场和高频电磁场。恒定电场将阳极电源(从脉冲调制器输出)的能量转化为电子的动能;恒定磁场使电子运动轨迹弯曲,做旋转运动,进而激发耦合腔链,产生微波频段的交变电磁场;高频交变场将进一步与电子相互作用,使电子减速,将电子的动能转换为微波能。

6. 磁控管为什么要定期老练?

磁控管制造过程中,不可能完全排除管内气体,在阳极和阴极这些金属的内部和表面总会吸附有微量气体,存放久了,这些气体会释放出来使管内真空度下降,此时如加高压会形成气体放电,即使磁控管在规定的工作条件下运行,也会发生打火。这就是加速器在医院放置一段时间后,再重新开机时总会频繁打火的主要原因之一。可以采用老练的方法克服。根据管内真空度变坏程度的不同,老练的时间可能需要几分钟到几个小时,甚至十几小时。磁控管存放时间愈久,老练所需时间愈长,甚至因为放电太久,再也无法恢复正常。因此,一定时间的轮流使用会相对延长磁控管的寿命。

7. 随着放射治疗调强技术的发展，直线加速器的非均整模式在肿瘤放射治疗中发挥着越来越重要的作用。这种模式与传统治疗方式有什么不同？它会影响X辐射野的哪个指标？

常规均整模式必须有均整过滤器，而且还有严格的均整度性能要求。而这种非均整治疗模式，取消了均整过滤器，也不再测量加速器的均整性能，其能谱变化、百分深度剂量、离轴比及射野输出因子均与常规均整模式显著不同。

8. 简述电离室的工作原理。

电离室是一种探测电离辐射的气体探测器。其原理是，当探测器受到射线照射时，射线与气体中的分子作用，产生由一个电子和一个正离子组成的离子对，这些离子向周围区域自由扩散。扩散过程中，电子和正离子可以复合重新形成个性分子。但是，若在构成气体探测器的收集极和高压极上加直流的极化电压V，形成电场，那么电子和正离子就会分别被拉向正负两极，并被收集。随着极化电压V逐渐增加，气体探测器的工作状态就会从复合区、饱和区、正比区、有限正比区、盖革-米勒区（Geiger-Müller region, G-M region）一直变化到连续放电区。

所谓电离室即工作在饱和区的气体探测器，因而饱和区又称电离室区。在该区内，如果选择了适当的极化电压，复合效应便可忽略，也没有碰撞放大产生，此时可认为射线产生的初始离子对恰好全部被收集，形成电离电流，该电离电流正比于射线强度。电流大小可以用一台灵敏度很高的静电计测量。

（何乐民　秦嘉川）

第六章　医用质子重离子放射治疗设备

一、学习目标

1. **掌握**　粒子加速器的种类、组成，加速器系统的组成，束流输运系统的组成。
2. **熟悉**　质子重离子加速器旋转机架系统，固定束流治疗头系统。
3. **了解**　质子重离子加速器的物理原理，质子重离子放射治疗的常见肿瘤类型。

二、重点和难点内容

（一）概述

重点和难点是：质子重离子加速器装置的发展及其基本概念。质子治疗和碳离子治疗的物理特性，质子加速器和碳离子加速器的分布情况等。

（二）医用质子重离子加速器系统

重点和难点是：加速器各模块之间的相互联系，粒子的物理特性与剂量传递方法，目前常使用的加速器系统种类，未来一二十年可能应用于质子、碳离子治疗的加速器物理学的新进展等。

1. 质子重离子加速器的需求　用于临床的质子重离子治疗装置一般由以下组件构成：粒子加速器，束流输运线，束流传输系统，影像定位系统，患者摆位系统等。这些特定组件的整体的系统设计必须以安全为第一要务，并且必须满足临床使用设备的需求。

（1）临床需求：临床放射肿瘤治疗的首要目的是精确的给予指定区域临床要求的处方剂量。而这个目标的实现，需要通过调节束流的类型、束流的射程、侧向展宽、束流流强、束流位置等参数。

1）粒子类型：质子和碳离子在它们诱导的组织生物反应中有显著的差异，在临床使用时采用基于生物效应的剂量分布[Gy(RBE)]模式，一般认为碳离子具有相对较高的生物效应。

2）粒子束流的能量：230MeV 质子和 430MeV/u 碳离子分别可以穿透 30cm 的水后，释放粒子能量。因此，上述能量是推荐的用于治疗的质子和碳离子所需的最大能量。设计粒子加速器能量的下限则需要考虑浅表肿瘤的治疗及科研用途。一般可以采用 2~4cm 等效水深作为束流粒子能量的下限。

3）束流流强：对质子而言，一般要求应在 20cm×20cm×20cm 射野范围内，剂量率达到 2Gy/min，对应引出流强 10^{11}pps。对碳离子由于生物效应的加成，对应剂量率要求可以略低于质子，但流强也应达到 $>10^9$pps。

4）侧向展宽方式：加速器侧向展宽方式以扫描束为目前的发展趋势。

5）射野大小：最优的设计应可以达到 40cm×40cm 的照射区域。最低的设计尺寸应达到

20cm×20cm。

6）束斑大小和位置精度：不同能量粒子束斑大小不同，一般要求粒子治疗束斑尽可能小。等中心处束斑大小随能量升高而降低。对于质子等中心处不同能量的束斑大小应小于8~20mm，对于碳离子等中心处束斑可以合理得达到小于4~13mm水平。

7）不同分割方案的治疗时间：加速器设计的束流剂量率目标应达到2Gy/（min·L）。但为了在大分割方案中提供高剂量率，以及在治疗呼吸运动器官时提供重复、快速扫描的功能，需要缩短一个数量级的照射时间。

8）射程/能量步长：射程的细分与横向扩展分辨率相当，应至少达到毫米级别，且能量层切换应该在数秒内完成。

9）剂量精度：通过剂量验证，要求输运的剂量与处方剂量差异不超过2.5%。

（2）稳定性需求：在开机率方面，要求整个治疗系统的开机率高于95%。然而加速器作为治疗装置模块之一，其开机率应达到99%以上。

2. 质子重离子加速器物理和技术　粒子加速器物理的一些特征，以及与粒子束动力学相关的经典和相对论力学的基本过程，粒子加速器技术。

（1）加速器物理：几乎所有涉及加速器和光束传输设计的物理学都体现在洛伦兹力定律中，它描述了加速器物理以及束流加速的过程。电场增加粒子的能量，磁场描述粒子运动方向。对患者进行粒子治疗的过程，是对指定位置输送适当能量、数量带电粒子的过程。首先加速器加速该粒子，然后将粒子轨迹弯曲引出，并聚焦在患者肿瘤位置。超导技术的发展为加速器磁铁小型化提供了方案，可以达到几个特斯拉（1Tesla = 10kilogauss）的磁场强度，相应地可以减小弯曲半径。

（2）加速器技术：加速器是通过产生和形成电场，来加速带电粒子的装置。粒子加速的方案，也可以有两种选择：一种方案是通过离子源，向加速器发送一次或多次粒子。直线加速器（linear accelerator，LINAC）通过电场在直线路径上加速粒子束，且仅可以对粒子束加速一次（单程加速）。加速系统的总长度是由加速梯度（以MV/m为单位）决定的。另一种方案，通过电场的有效再利用来减小机器尺寸并且达到加速带电粒子所需能量的目的（多级加速）。回旋加速器、同步加速器以及一些新型加速装置属于此类装置。

3. 回旋加速器　介绍临床使用的回旋加速器物理的组成、特点等。用于质子治疗的回旋加速器可将质子加速至最高230MeV或250MeV。与实验室中经典的回旋加速器相比，用于治疗的回旋加速器相当紧凑。磁体高度约为1.5m，典型直径在3.5~5m，分别配备超导线圈或常温线圈。回旋加速器最突出的优点是粒子束的连续特性，而且它的强度可以很快调整到几乎任何期望值。虽然回旋加速器本身不能调节能量，但是治疗所使用的能量可以精确、快速地通过降能器，通过合适的束流输运线来打到病人体内。紧凑型回旋加速器的主要组成部件，主要有以下几部分：射频系统、强磁体、回旋加速器中心质子源和束流引出系统。

（1）射频系统：通常由两个或四个连接到射频发生器的电极组成，驱动的振荡电压在30~100kV，频率范围为50~100MHz。每个电极由一对铜板组成，两个铜板之间有几厘米的距离。电极放置在磁极之间，电极外面的磁铁处于地电位，当质子穿过电极和地电位之间的间隙时，当电极电压为正值时，质子会向接地区域加速。当电极电压为负值时，质子朝两个板之间的间隙方向加速。磁场迫使粒子沿着一个圆形轨道运动，粒子运动方向偏转180°，使它在圆周内多次穿过电极和地电位。直到加速至治疗所需能量。射频系统有两个重要的工作参数，分别是射频电压和频率。射频电压的最小值要求粒子从中心的离子源开始加速，直至发生第一次180°偏转。推荐采用较高的射频电压，这样可以增加偏转的冗余，降低粒子束受磁场变化的敏感性，同时，也可以提高束流引出效率。

(2) 回旋加速器磁体：首先，磁场必须是等时(isochronous)的；其次，电场线的形状必须提供一个向心力，以限制粒子束运动的空间。磁场必须在 10^{-5} s 内完成校正，在某些位置较小的局部偏差是可以接受的。一旦回旋加速器的磁场完成调试和优化，通常不再需要关心磁场问题。有时需要对通过磁铁线圈的电流进行微小的调整。

4. 同步加速器 介绍临床使用的同步加速器技术和特点。同步加速器由注入器系统、加速器和射频以及引出系统组成。其中，注入器系统一般由离子源、串联的一个或两个直线加速器、注入器和束流输运系统组成。同步加速器公认的优点是质子被加速到所需的能量，束流损失极小，而几乎不产生感生放射性，并且低能质子具有与高能质子相同的流强。同步加速器本身主要由具有弯转磁铁和聚焦磁铁的模块组成。四极磁铁用于聚焦和散焦粒子束，六极磁铁用于降低粒子束能量的色散程度。

(1) 离子源和注入器：对于质子离子源，通常基于微波电离和线圈或特殊配置的永磁体来剥离电子。离子源通常设置为正电位，将质子预加速到一定能量后引入射频四极杆(radio frequency quadrupole, RFQ)或直线加速器(drift tube linac, DTL)中。被直线段加速后的粒子，通过注入器注入同步环内。注入必须在相对于同步环射频的正确相位进行。可以一次注入所有粒子(单圈注入)或逐渐将粒子注入同步环中。

(2) 加速器和射频系统：加速阶段通常持续大约 0.5s，需要加速许多圈(约 10^6)。循环粒子束的能量在位于环中的射频腔中增加。随着粒子动量的升高，环中的磁场强度也需要同步增加，因为粒子必须保持在具有恒定平均半径的轨道上。

(3) 引出系统：从临床应用的精确性来说，相比较一次快速提取而言，慢速提取方案能够精准地通过扫描技术或附加的射程调制器将粒子束能量沉积在肿瘤上。提取粒子的时间在 0.5~6s 变化，主要取决于需要提取的粒子数。同步加速器的粒子束水平发射度和动量扩展通常比回旋加速器粒子束的发射度低一个量级。然而发射度随着束流方向不同，可能表现出较大的不对称性，在使用旋转机架系统时，必须充分考虑其影响，考虑粒子束角度独立性的特性。

5. 新型加速器技术 目前治疗用粒子加速器研究的热点在于缩小加速器规模，如单一治疗室质子设施。

(1) FFAG 加速器：人们一直在研究固定磁场交变梯度(fixed-field alternating gradient, FFAG)聚焦的同步回旋加速器，FFAG 最大的优点在于束流能量和发射度方面有很大的可接受度，这对一些理论物理研究工作的作用很大。

(2) 回旋直线加速器：Crandall 等提出了回旋直线加速器(Cyclinac)的概念。使用 60MeV 的回旋加速器作为具有侧面耦合腔的直线加速器的注入器。小型的 3GHz 结构允许使用非常强的电场，从而减少了加速腔的数量，缩短了加速器的长度。

(3) 激光驱动加速器：使用激光产生高能质子束可能可以进行质子治疗。因为不再需要磁铁，重量会减轻。扫描粒子束原则上可以提供铅笔束扫描技术。质子束所需要的最佳目标厚度和激光强度，计算数据得到激光功率高达 10^{22}W/cm^2。

(三) 医用质子重离子束流输运系统

重点和难点是：从束流引出到患者靶区之间的束流传输系统的主要技术及设备。包括被动散射输运系统、主动扫描输运系统、旋转机架等。

1. 被动散射束流输运系统

(1) 散射的物理原理：如果粒子束进入材料中的入射方向完全一致，通过测量可以发现，在经过一定深度的材料后，一些粒子传输的方向发生了变化。这种角散射一般称作多库伦散射

（multiple coulomb scattering），主要原因是由原子核产生的数万个微小的静电偏转引起。

（2）束流散射系统：双散射系统、单散射系统。

（3）射程调节技术与设备：能量堆积、射程调制器、脊型过滤器。

（4）适形调节技术与设备：准直器、射程补偿器。

2. 主动扫描束流输运系统　为了将束流能量沉积到临床目标中，束流的尺寸必须三维展开，来匹配目标体积。主动扫描束的设备：调整束流特性的设备。测量束流特性的仪器。

3. 旋转机架和固定束流治疗头　治疗头有固定束流治疗头和旋转机架两种。固定束流角度主要有90°（水平）、0°（垂直）和45°以及以上角度的组合。一般的质子中心会配置1~2台旋转机架房间，用于增加可用的束流治疗的角度。

（1）旋转机架：旋转机架由机械支撑的束流传输系统组成，在患者平躺状态下，能够围绕患者旋转，从而可以从多个方向照射肿瘤。临床要求旋转精度应达到0.1°。

（2）固定束治疗头：束流传输系统的治疗头将束流按照所需的形状输出，并进行监测。通常由用于形成粒子束的准直器、散射箔和（或）扫描磁体、射程调制、射程补偿、剂量监测、光束性能验证、X射线设备、光学设备和用于摆位的激光器等设备组成。

（四）医用质子重离子加速器的临床应用

放射治疗在肿瘤的治疗中至关重要，参与约70%的肿瘤患者的治疗。质子线和碳离子线（重离子线的一种）是目前临床上研究和应用最多的粒子射线，是当前最先进的放疗技术，已经在一些肿瘤的临床治疗中显示良好的疗效和对正常组织的保护。

1. 质子重离子放射的物理学和生物学优势

（1）质子重离子放射的物理学优势：粒子在入射路径中能量释放相对较弱，在末端可释放大量能量形成Bragg峰，Bragg峰后出射路径则几乎无有效剂量。

（2）质子重离子放射的生物学优势：质子的放射生物效应与光子类似，其相对生物效应（relative biological effectiveness，RBE）值一般在1.05~1.20，而碳离子射线属于高LET射线，LET值随着射程深入而升高，在Bragg峰后达到最高值。RBE值一般在2~3，而平台区一般为肿瘤外的正常组织，RBE值为1~1.5，有利于减少正常组织放射性损伤的发生。

2. 质子重离子放射的临床应用

（1）骨、软组织肉瘤

（2）恶性黑色素瘤

（3）腺样囊性癌

（4）放疗后复发需再程放射治疗的恶性肿瘤

（5）神经系统肿瘤

（6）肺癌

（7）肝癌

（8）胰腺癌

（9）前列腺癌

三、章后思考题解答

1. 目前常使用哪些粒子进行粒子的放射治疗？

质子和碳离子。

2. 质子和碳离子能量分别达到多少时，粒子在水中射程可以达到30cm？

质子230MeV，碳离子440MeV/u。

3. 简述回旋加速器的优点。

用于治疗的回旋加速器相当紧凑。回旋加速器的优点是粒子束的连续特性，而且它的强度可以很快调整到几乎任何期望值。

4. 简述同步加速器的优点。

粒子被加速到所需的能量，束流损失极小，而几乎不产生感生放射性，并且低能质子具有与高能质子相同的流强。对于重离子治疗，同步加速器是目前唯一可用的重离子加速方式。

5. 哪些肿瘤适合粒子放射治疗？请举例说明。

碳离子放射尤其适用于对光子放疗不敏感的脊索瘤、软组织肉瘤、恶性黑色素瘤、腺样囊性癌以及体积较大且含有大量乏氧肿瘤细胞肿瘤。如骨、软组织肉瘤，恶性黑色素瘤，腺样囊性癌，放疗后复发需再程放射治疗的恶性肿瘤，神经系统肿瘤，肺癌，肝癌，胰腺癌，前列腺癌等。

四、补充习题

（一）名词解释

1. 离子源
2. 布拉格峰
3. 射程调制器（range modulate，RM）

（二）填空题

1. 目前质子加速器系统可以使用_____和_____，而目前用于治疗的碳离子加速器装置仅有_____。
2. 通过加速器引出的粒子束流需要满足临床需求，在能量方面，应在确保最高射程达到_____及以上。在开机率方面，要求整个治疗系统的开机率高于_____。然而加速器作为治疗装置模块之一，其开机率应达到_____以上，以确保临床使用时系统开机率不受影响。
3. _____增加粒子的能量，_____控制粒子运动方向。
4. 紧凑型回旋加速器的主要组成部件有_____、_____、_____和_____。
5. _____用于聚焦和散焦粒子束，_____用于降低粒子束能量的色散程度。
6. 双散射系统的第一个散射靶是_____，第二个散射靶必须是_____。

（三）选择题

A1 型题（以下每一道考题下面有 A、B、C、D、E 五个备选答案。请从中选择一个最佳答案）

1. 以下哪个**不属于**质子重离子治疗装置的组件
   A. 粒子加速器　　　B. 束流输运线　　　C. 束流传输系统
   D. 影像定位系统　　E. 磁共振成像系统
2. 能够使质子重离子发生聚焦或者偏转的是
   A. 激光　　B. 电场　　C. 可见光　　D. 磁场　　E. 声波
3. 以下**不属于**回旋加速器主要组成部件的是
   A. 射频系统　　B. 强磁体　　C. 离子源　　D. 旋转机架　　E. 束流引出系统
4. 下列**不属于**主动扫描束流输运系统优点的是
   A. 3D 靶区适形　　　　　　　　　　B. 散射中子可以忽略
   C. 形成扩展布拉格峰几乎是瞬时的　　D. 不需要更换患者准直器
   E. 不需要患者补偿器

A2 型题（以下提供案例，下面有 A、B、C、D、E 五个备选答案。请从中选择一个最佳答案）

李某，男，65 岁，头颈部腺样囊性癌，肿瘤邻近视神经、脑干和颞叶，合并多种内科疾病而无法耐受手术治疗。该肿瘤类型对化疗不敏感,故采用放射治疗。

5. 最可能有效的放射技术是

 A. 用^{125}I粒子源植入的近距离照射　　B. 用镭作粒子源

 C. X射线外照射　　D. 电子线放射

 E. 质子重离子放射

B型题(以下每题前面有A、B、C、D、E五个备选答案。请从中选择一个最佳答案填在合适的题干后面)

(6~10题共用备选答案)

 A. 回旋加速器

 B. 同步加速器

 C. 注入器系统,加速器和射频以及引出系统

 D. 射程调制器,脊型过滤器

 E. 准直器,射程补偿器

6. 属于同步加速器组件的是
7. 加速得到连续粒子束流的加速器是
8. 几乎不产生感生放射性的加速器是
9. 属于射程调节的部件是
10. 属于适形调节的部件是

(四) 简答题

1. 简述质子重离子治疗装置基本组件构成和工作原理。
2. 临床较常使用的质子重离子加速器有哪几种类型,分别主要由哪些部件组成?
3. 比较回旋加速器和同步加速器的优缺点。
4. 简述被动散射束流输运系统中双散射系统的组成和原理。
5. 简述射程调节技术及原理。
6. 与传统的光子放疗比较,质子重离子放射的生物学优势体现在哪里?

五、补充习题参考答案

(一) 名词解释

1. 离子源　通过微波电离和线圈或特殊配置的永磁体来剥离电子。离子源设置为正电位,将质子预加速到一定能量后引入射频四极杆或直线加速器。

2. 布拉格峰　高能粒子在介质中输运时,在入射路径中能量释放相对较弱,在射程末端可释放大量能量形成布拉格峰,峰后出射路径上则几乎无有效剂量。

3. 射程调制器(range modulate,RM)　是一种调节粒子射程的设备,通过在粒子源和靶区之间加入与肿瘤厚度相对应的可变厚度旋转轮来实现扩展布拉格峰。RM轮具有不同厚度的阶梯,每个阶梯对应SOBP中的单峰值。当RM在粒子束中快速旋转时,每个阶梯均匀地受到照射。

(二) 填空题

1. 回旋加速器,同步加速器,同步加速器
2. 30cm,95%,99%
3. 电场,磁场
4. 射频系统,回旋加速器磁体,回旋加速器中心的质子源,束流引出系统
5. 四级磁铁,六级磁铁

6. 平坦的,非均匀的

（三）选择题

A1 题型

1. E 2. D 3. D 4. C

A2 题型

5. E

B 型题

6. C 7. A 8. B 9. D 10. E

（四）简答题

1. 简述质子重离子治疗装置基本组件构成和工作原理。

用于临床的质子重离子治疗装置一般由以下组件构成：粒子加速器,束流输运线,束流传输系统,影像定位系统,患者摆位系统等。

工作原理：粒子加速器装置可以将粒子加速到一定能量。对于用于粒子治疗的加速器来说,能量的增加意味着穿透患者体内深度的增加。通过加速磁场,弯转磁铁,将粒子加速到适用于患者治疗的能量,利用四级和六级磁铁聚焦,利用扫描磁铁将粒子打入患者体内指定位置,对患者肿瘤区域进行放射治疗。

2. 临床较常使用的质子重离子加速器有哪几种类型,分别主要由哪些部件组成？

回旋加速器：射频(radiofrequency, RF)系统,来提供加速质子的强电场；强磁体,使粒子轨迹变成螺旋形轨道,这样它们就可以被 RF 的电场反复加速；回旋加速器中心的质子源,氢气被电离并从中提取质子；束流引出系统,将已达到最大能量的粒子引导出回旋加速器进入束流传输系统。

同步加速器：同步加速器本身主要由具有弯转磁铁和聚焦磁铁的模块组成。

3. 比较回旋加速器和同步加速器的优缺点。

用于治疗的回旋加速器相当紧凑。回旋加速器的优点是粒子束的连续特性,而且它的强度可以很快调整到几乎任何期望值。虽然回旋加速器本身不能调节能量,但是治疗所使用的能量可以精确、快速地通过降能器,通过合适的束流输运线来打到病人体内。

同步加速器的优点是粒子被加速到所需的能量,束流损失极小,而几乎不产生感生放射性,并且低能质子具有与高能质子相同的流强。对于重离子治疗,同步加速器是目前唯一可用的重离子加速方式。

4. 简述被动散射束流输运系统中双散射系统的组成和原理。

双散射系统的第一个散射是平坦的,经过散射后得到的是高斯分布的束流。第二个散射靶必须是非均匀的。从而可以改变束流的高斯形状,来产生均匀的或者近似均匀的剂量分布。第一散射靶使用一种扁平的两段散射体,经过该散射体的部分束流被圆柱阶梯所散射。第二个散射体将着重散射中心的粒子束流,从而最终获得一个相对均匀的剂量分布。

5. 简述射程调节技术及原理。

在粒子治疗中应用了几种射程调节技术或设备：能量堆积(energy staking)、射程调制器(range modulate, RM)和脊型过滤器(ridge filter, RF)。

能量堆积通过改变提取的同步加速器能量或在回旋加速器出口处设置能量选择系统。通过精确控制给定能量下传输的粒子数,实现适当的粒子加权,从而产生扩展布拉格峰。

射程调制器,通过在粒子源和靶区之间加入与肿瘤厚度相对应的可变厚度旋转轮来实现。

脊型过滤器原理与射程调制器轮相同,脊型过滤器阶梯的厚度决定了扩展布拉格峰的宽度,阶梯的宽度设置为各单峰的权重。

6. 与传统的光子放疗比较,质子重离子放射的生物学优势体现在哪里?

质子的放射生物效应与光子类似,其相对生物效应(relative biological effectiveness,RBE)值一般在 1.05~1.20,而碳离子射线属于高 LET(传能线密度)射线,LET 值随着射程深入而升高,在布拉格峰后达到最高值。碳离子的高生物效应主要局限在布拉格峰区,RBE 值一般在 2~3,而平台区一般为肿瘤外的正常组织,RBE 值为 1~1.5,有利于减少正常组织放射性损伤的发生。

(孔琳　盛尹祥子)

第七章　立体定向放射治疗设备

一、学习目标

1. **掌握**　立体定向放疗主要治疗设备构成。
2. **熟悉**　立体定向放射治疗整个流程,包括 X 射线和 γ 射线治疗的优缺点。
3. **了解**　相关治疗方式的发展趋势。

二、重点和难点内容

(一) 概述

重点和难点是:立体定向治疗设备的发展及其基本概念,立体定向治疗两种主要技术基本概念,两种技术的适应证及其应用条件等。

(二) X 刀系统的工作原理

重点和难点是:明确 X 刀系统基本结构和基本原理;X 刀放射治疗过程;X 刀系统的优缺点。

1. **X 刀系统的基本组成**　X 刀系统基本结构包括:X 刀就是在直线加速器的基础上通过加装部分装置实现的,因其简便经济易得,近年来获得了显著的发展。X 刀主要是通过在直线加速器上配备外形大小不同,中心孔径在 5~50mm 的准直器(亦称限光筒)实现的。限光筒的主要作用是二级准直 X 线,根据病灶的大小配备不同孔径的准直器,通常选择的准直器应该与病灶大小一致,同时 X 刀准直器加装在加速器机头上面,因此相较于 γ 刀准直器孔径(4~18mm)有更大的选择范围(即可以选择治疗更大的肿瘤)。

2. **X 刀系统的工作原理**　X 刀主要利用直线加速器单平面旋转形成的空间剂量交叉分布,由于加速器单平面旋转形成的空间剂量分布较差,目前 SRT 通常采用 4~12 个非共面小野绕等中心旋转达到 γ 刀集束照射的同样剂量分布。每个旋转代表治疗床的一个位置,即治疗床固定于不同位置,加速器绕其旋转一定角度,病变(靶区)中心一般位于旋转中心位置。

3. **X 刀系统的临床应用**　X 刀适应证广泛。它不但用于颅内良性肿瘤如动静脉畸形、垂体瘤、听神经瘤的治疗,也可用于脑内恶性肿瘤的治疗。X 刀治疗系统结合医用加速器用于常规放疗,实现一机多用,便于病人综合治疗。X 刀在出现之初,主要应用于颅内肿瘤的治疗,随着治疗设备的改进和临床治疗技术的日益成熟,X 刀治疗适应证也越来越多。一是原发头颈部肿瘤,适合于肿瘤生长的位置较深,靠近功能区,手术困难大或手术治疗后易复发的肿瘤因年龄及其他原因无法手术的患者。二是头颈部转移瘤治疗,如脑转移瘤的姑息放疗等。三是体部原发肿瘤,主要包括由于年龄及其他重要器官功能障碍而不能手术的早期肿瘤患者,失去手术机会的中、晚期恶性肿瘤患者及手术或放疗、化疗后易复发的肿瘤。四是体部转移瘤的治疗,包括肺转移瘤、肝转移瘤、骨转移瘤及腹膜后淋巴结转移瘤等。

三、章后思考题解答

1. 加速器型的放射手术治疗与γ刀相比有哪些优劣？

（1）在精良的机械条件下，加速器型的立体定向系统执行精度可以达到±0.5mm，γ刀则可以将误差控制在±0.3mm以内。

（2）加速器型的系统为保证治疗的准确性需要更加严格、繁琐的质量控制和质量保证规范。

（3）加速器实施放射手术十分复杂，基于加速器的系统发生较大误差的概率远远大于γ治疗机。

（4）加速器型系统却具有更大的发展优势。

2. X(γ)射线SRT(SRS)的基本结构包括哪些部分？

（1）立体定向系统

（2）治疗计划设计系统

（3）治疗实施系统

3. 立体定向放射治疗所需的设备有哪些？

（1）影像设备。

（2）立体定位系统。

（3）治疗准直器：形成射野。

（4）治疗计划设计系统：剂量计算与计划评估。

（5）放射源和放射手术治疗技术。

4. 简述立体定向放射治疗的特点。

（1）多个小野三维聚束单次大剂量照射。

（2）射野内剂量分布不均匀。

（3）射野边缘剂量变化梯度较大。

（4）需要靶区精确定位和正确摆位。

四、补充习题

（一）名词解释

立体定向放射治疗

（二）填空题

1. 立体定向照射总照射剂量一般为_____，治疗的靶体积较小，典型的照射体积为_____。

2. 立体定位偏差应小于_____，剂量偏差需小于_____。

3. 立体定向放疗，精确的靶区照射剂量_____。

（三）选择题

A1型题（以下每一道考题下面有A、B、C、D、E五个备选答案。请从中选择最佳答案）

1. 立体定向放射治疗的适应证包括

A. 功能性紊乱（三叉神经痛、帕金森病）　　B. 血管病变

C. 原发良性和恶性肿瘤　　D. 转移瘤

E. 心脏疾病

2. 立体定向放射治疗所需要的设备有
   A. 影像设备
   B. 立体定位系统
   C. 治疗准直器
   D. 治疗计划设计系统
   E. 放射源和放射手术治疗技术

   A2 型题（以下提供案例，下面有 A、B、C、D、E 五个备选答案。请从中选择一个最佳答案）
   （3~4 题共用题干）
   王某，男，45 岁，颅脑转移瘤，无法正常进行手术治疗。经研究用立体定向放射治疗。

3. 治疗所需的工具和条件是
   A. 应用 CT、磁共振作为靶区勾画的参考图像
   B. 应用立体定位头架进行患者精确摆位
   C. 利用准直器头盔、圆形准直器、小多叶准直器形成射野
   D. 精确分靶区剂量投送和治疗计划的制订
   E. 靶区精确定位和精准摆位

4. 采用的治疗技术的特点是
   A. 多个小野三维聚束单次大剂量照射
   B. 射野内剂量分布不均匀
   C. 射野边缘剂量变化梯度大
   D. 需要靶区精确定位和正确摆位
   E. 射野内剂量分布梯度较陡

   B 型题（以下每题前面有 A、B、C、D、E 五个备选答案。请从中选择一个最佳答案填在合适的题干后面）
   （5~8 题共用备选答案）
   A. 固定体位、提供定位坐标系、确定坐标
   B. 准直器头盔、圆形准直器、小多叶光栅
   C. 立体定向系统、治疗计划设计系统、治疗实施系统
   D. 多弧非共面聚焦技术、动态立体放射手术、锥形旋转聚焦技术
   E. 共聚焦技术、多叶光栅、锥形旋转聚焦技术

5. 立体定向系统的组成是
6. X 射线 SRT（SRS）的基本结构是
7. SRS 治疗准直器包括
8. 等中心直线加速去放射手术的分类是

（四）简答题
简述直线加速器放射手术。

五、补充习题参考答案

（一）名词解释
　　立体定向放射治疗：立体定向照射主要使用多弧度非共面聚焦技术，将预设的处方剂量投射到空间立体定位的病变靶区。立体定向照射主要应用于脑部肿瘤。

（二）填空题
1. 10~50Gy，1~35cm^3
2. ±1mm，±5%

3. <±5%

（三）选择题

A1 型题

1. E 2. E

A2 型题

3. A 4. B

B 型题

5. A 6. C 7. B 8. C

（四）简答题

简述直线加速器放射手术。

以标准的等中心型的直线加速器进行改进，主要包括：

（1）辅助的准直器：小圆形照射野的一系列不同规格的附加准直器，或不规则照射野的小多叶准直器。

（2）远距离操控的自动治疗床或旋转治疗椅。

（3）在治疗中用以固定立体定位框架的床的托架或地面支架。

（4）治疗床角度和高度的显示及连锁。

（5）特殊的制动装置，用以治疗过程中固定治疗床的升降、进出和侧向移动。

（李振江）

第八章 放射治疗设备新技术及发展趋势

一、学习目标

1. **掌握** 放射治疗中的各种技术及其应用概况。
2. **熟悉** 放射治疗过程中适形放疗、调强放疗、图像引导放射治疗的技术实施细节及对应的实现方式。
3. **了解** IGRT 放疗面临的问题及发展趋势。

二、重点和难点内容

（一）概述

重点和难点是：放射治疗设备的发展及其基本概念，现有放射治疗设备的组成，放射治疗几种主要设备的原理及实施方式。放射治疗技术的优缺点。

（二）适形调强放射治疗系统原理

重点和难点是：适形调强的原理；适形调强技术的优缺点；剂量优化的分类。

1. **适形调强的原理** 从理论上说，适形调强放射治疗是三维适形放疗的一种，主要指的是通过对加速器束流精确调整和动态多叶光栅技术实现在每个射野角度下非均匀强度分布的射野分布，从而达到最优化剂量分布的一种放射治疗技术。

2. **适形调强的优势** IMRT 与常规的适形放疗最大的优势：首先，采用了精确的体位固定和立体定位技术；提高了放疗的定位精度、摆位精度和照射精度。其次，采用了精确的治疗计划——逆向计算（inverse planning），即医生首先确定最大优化的计划结果，包括靶区的照射剂量和靶区周围敏感组织的耐受剂量，然后由计算机给出实现该结果的方法和参数，从而实现了治疗计划的自动最佳优化。最后，采用了精确照射，能够优化配置射野内各线束的权重，使高剂量区的分布在三维方向上可在一个计划时实现大野照射及小野的追加剂量照射（simultaneously integrated boosted，SIB）。IMRT 可以满足靶区的照射剂量最大、靶区外周围正常组织受照射剂量最小、靶区的定位和照射最准、靶区的剂量分布最均匀。其临床结果是：明显提高肿瘤的局控率，并减少正常组织的放射损伤。

3. **剂量优化的分类** 按照上述的要求分成四类。①剂量为基础的优化；②临床知识为基础的优化；③等效均质剂量（equivalent uniform dose，EUD）为基础的优化；④TCP 或 NTCP 为基础的优化。

（三）适形调强放射治疗新技术及应用

1. **静态调强技术优缺点** 静态方法的优势在于减少了实施过程中工程学和安全方面的问

题,实施简单、易于质量控制等。其存在的一个可能的缺陷是当射线束在不到 1s 的时间内进行开关转换时一些加速器会存在稳定性的偏差。栅控电子枪的使用可以解决这个问题,它可以在百分之一 MU 之内检测射线发出和中止。不过,并不是所有厂家在直线加速器上都安装有这样的电子枪,且该治疗模式下的治疗时间延长、射线利用率低。

2. 动态叶片调强技术原理　动态调强的基本原理可以理解为,一对叶片形成一个空隙,引导片以一定速度移动,跟随片以另外速度移动。假设射线输出时未穿过叶片,无半影,无散射,加速器中时间用剂量仪的跳数 MU 表示,叶片位置是时间的函数。为尽量缩短总的治疗时间,优化技术是以允许的最大速度移动其中一个较快的叶片,调节较慢的叶片的速度。

3. 旋转调强技术　IMAT 算法将二维强度分布(通过逆向治疗计划获得)分为数个多对叶片生成的一维的强度曲线。强度曲线被分解为使用多次旋转的子野所生成的不相关的强度水平。每个子野的叶片位置取决于所选择的分解模式。如前所述,对于只有一个峰的 N 种水平的强度分布需要有(N!)两种可能的分解模式。这种分解模式由计算机算法所决定,其在每个叶片的左右边缘会产生射野的间隙。为了提高效率,对于叶片定位每一边使用一次。对于大量可用的分解模式来说,这种算法适用于需要多叶准直器叶片移动最短距离的子野。

4. 断层治疗技术　断层治疗是一种调强放射治疗技术,患者由调强射束逐层进行治疗,其方式类似于 CT 成像。由一个特殊的沿着机架围绕患者的纵轴旋转的准直器来产生调强射束。对于有些设备,治疗床一次步进 1~2 个断层,而对于其他设备的治疗床能够像螺旋 CT 一样一直移动。

（四）影像引导放射治疗系统

影像引导系统放射治疗的原理;影像引导系统放射治疗的应用。

1. 影像引导系统放射治疗原理　图像引导放射治疗(IGRT)主要指的是患者在治疗的整个治疗过程中或患者治疗前利用各种的影像设备(超声、CT、表面成像、CBCT、MBCT)对肿瘤及周围正常组织进行的监控,这种监控可以是实时监控也可以是短时离线监控,并根据当前监控到的危及器官和肿瘤的位置情况调整计划投放的位置,使得射野紧紧"跟随"靶区,可做到精确射线导航。

2. 影像引导放射治疗新技术及应用

（1）电子射野影像系统的缺点:虽然 EPID 具有各种优点,但是其缺点也较为突出。因为其采用 MV 级的射线进行图像的采集,因此必将显著降低图像的软组织分辨率,影响图像的质量,图像对应的靶区识别也太依赖操作人员的主观判断。EPID 探测器虽有较高抗辐射的特性,但剂量学特性会受辐射影响,探测分辨率会随照射时间降低,使用时需做好探测器的质量控制。同时,由于人体生理运动、解剖结构和放疗实施过程复杂,图像获取和准确的剂量影响因素众多,因此,准确性和可行性需要进行进一步的临床研究证实。其中,验证图像获取、存储读取、分析以及进一步的匹配反馈调整,整个过程时间仍较长,需要计算机技术和相关算法的进一步发展,这也是目前研究的热点。另外,治疗中实时验证时为保证安全性,只能获取射野内的图像,图像质量和探测范围也存在局限性。随着技术的发展,基于非晶硅平板探测器的 EPID,可以直接测量射野内剂量,是一种快速的二维剂量测量系统,用 EPID 系统进行剂量学验证的研究开始不断增多,逐渐兴起并推向临床。

（2）KV 级锥形束 CT(cone beam CT,CBCT):该技术使用大面积非晶硅数字化 X 射线探测板,机架旋转一周就能获取和重建一定体积范围内的 CT 图像。这个体积内的 CT 影像重建后的三维影像模型,可以与治疗计划的患者模型匹配比较,并自动计算出治疗床需要调节的参数。

CBCT本身具有体积小、重量轻、开放式架构的特点,可以被直接整合到直线加速器上,CBCT的图像的分辨率很高,操作简单快捷,可以在几分钟内快速重建患者的三维结构。可以快速地完成在线校正治疗位置。

(3) CT和直线加速器一体机:该技术从实现层面上就是一台直线加速器加一台诊断用多排CT共同完成患者的治疗,在治疗的间歇可以实时采集患者的诊断CT图像,可以快速获得患者的诊断级CT的影像,更加有利于肿瘤位置的诊断和实时调整放疗计划。这种成像技术的代表就是西门子ONCOR机器的图像引导解决方案,该方案就是诊断CT和直线加速器共用一个治疗室和一台治疗床,在做放射治疗的间歇可以通过导轨的形式将治疗床推动到诊断CT位置,进行患者扫描,优势是患者并不需要移动体位,保证了治疗的精度和影像采集的可靠性,同时也大幅度提高了影像的空间分辨率和成像质量,但是造价和运行不方便是制约其快速发展的一大问题,也没有进行广泛的推广。

(4) kV级X线摄片和透视:这种成像技术把kV级X线摄片和透视设备与治疗设备结合在一起,在病人体内植入金球或者以病人骨性标记为配准标记。与EPID MV级射线摄野片相比,骨和空气对比度都高,软组织显像也非常清晰。

(5) 螺旋断层治疗机:螺旋断层治疗机是一种IMRT技术,它结合了直线加速器及螺旋CT扫描仪的特点。直线加速器(6MV X线束)被安装在CT样机机臂上,且能实现360°旋转。臂架旋转同时,治疗床就缓慢平移经过中央的口径,因此射线束相对于患者产生螺旋运动。气动多叶光栅可以提供所需要的射束强度调制。因为射线束围绕患者纵轴方向连续地螺旋运动,故最小化了断层间匹配界线的问题。

(6) 三维超声图像引导:这种成像技术是将无创三维超声成像技术与直线加速器相结合,通过采集靶区三维超声图像,辅助靶区的定位并减小分次治疗的摆位误差、分次治疗间的靶区移位和变形的技术。

(7) 磁共振影像引导技术:MR图像优于CT最基本的是拥有较高的软组织分辨能力,特别是在中枢神经系统方面,MRI较CT对脑内异常的检测更加敏感。这种优势在头部及后区因射线硬化造成伪影较多的部位和CT难以区分边界的低级别胶质瘤成像方面更加明显。在这种情况下,临床医生通过图像配准技术将基于CT和MRI勾画的靶区进行分析和融合。多模态影像技术在腹盆部肿瘤的应用可以提高组织的对比度,更加准确地勾画出恶性肿瘤的范围。

三、章后思考题解答

1. 简述图像引导的放射治疗IGRT的特点。
(1) 保证每次治疗时靶区体积和参考标记点的相对位置与计划设计时一致。
(2) 减少安全边界的范围,有利于降低正常组织发生并发症的概率,提高靶区剂量,避免照射中遗漏靶区。

2. 简述图像引导的放射治疗系统。
(1) 等中心加速器配备的kV级或MV级影像系统,即锥形束扫描CT(CBCT)。
(2) 等中心加速器配备CT扫描机。
(3) 可以提供MV级CT影像(MVCT)的螺旋断层治疗方式。
(4) 等中心加速器配备2D或3D超声影像设备。
(5) 安装在机械臂上的微型加速器配合一对互相垂直的在线平面影像设备。

3. 简述调强放射治疗的优势。

（1）是目前最先进的适形放射治疗技术；可以在提高肿瘤局部控制率的同时降低放射性损伤的发生概率[即降低正常组织发生并发症的概率（NTCP）]。

（2）通过逆向计划设计确定所需要的射野剂量分布曲线图，并借助多种影像技术定义靶区体积。

四、补充习题

（一）名词解释

1. 静态调强技术（SMLC）
2. 动态调强技术

（二）填空题

1. 一维非线性楔形调强器是利用独立准直器生成的_____。
2. 调强方式分为_____、_____、_____。
3. 调强 MLC 的叶片一般为_____。
4. 叶片的定位误差小于_____。
5. 模体中的剂量学参数有相对输出因子、散射因子、PDD 和组织最大比。一般是由_____。

（三）选择题

A1 型题（以下每一道考题下面有 A、B、C、D、E 五个备选答案。请从中选择最佳答案）

1. MLC 基本剂量学参数
   A. 射野平坦度　　　　　B. 对称性　　　　　　　C. 准直器因子
   D. 输出因子、散射因子　E. 百分深度剂量
2. MLC 的质量保证包括
   A. MLC 位置的准确性　　B. 叶片运动的可靠性　　C. 叶片漏射
   D. 叶片运动速度　　　　E. 网络连接及数据传输等

A2 型题（以下提供案例，下面有 A、B、C、D、E 五个备选答案。请从中选择最佳答案）

（3~4 题共用题干）

刘某，男，55 岁，肺癌多发转移，无法正常进行手术治疗。经研究用调强放射治疗。

3. 为了明确靶区的照射范围可采用如下哪些图像引导方案
   A. PET-CT
   B. CT
   C. MRI
   D. 超声影像
   E. DSA

4. 若采用 PET-CT 进行靶区的勾画，其优势是
   A. 疾病的准确检出
   B. 疾病的早期诊断
   C. 肿瘤的分期、定位
   D. 肿瘤分子分型
   E. 检测患者治疗反应，早期发现复发病灶

第八章 放射治疗设备新技术及发展趋势

B 型题（以下每题前面有 A、B、C、D、E 五个备选答案。请从中选择一个最佳答案填在合适的题干后面）

（5~9 题共用备选答案）

A. 叶片半影、叶片的到位精度、叶片的重复性、叶片的凹凸槽效应

B. 可以利用 MLC 进行、使用整野治疗、不存在相邻子野间的匹接问题、沿 MLC 叶片方向的空间分辨率是连续的

C. 形成的半影小、叶片宽度窄、叶片运动速度快

D. 独立准直器动态扫描、多叶准直器动态扫描、多叶准直器序次照射、动态旋转调强

E. 叶片宽度

5. 可调节照射剂量率进行调强治疗的方法是
6. 多叶准直器的描述
7. MLC 形成的不规则射野与靶区 PTV 形状的几何适合度由什么决定
8. 多叶准直器的验收包括
9. IMAT 具有的特点

（四）简答题

简述旋转调强技术。

五、补充习题参考答案

（一）名词解释

1. 静态调强技术（SMLC） 将射野要求的强度分布拆分成多个均一强度的子野。这种技术叫作分步照射，即只有当 MLC 叶片运动到每个指定的子野位置后才会出束照射。出束的照射过程中，MLC 的叶片位置保持不同。即每个子野照射完毕后，照射切断，MLC 调到另一个子野，再继续照射，直到所有子野照射完毕。所有子野的流强相加，形成要求的强度分布。

2. 动态调强技术 利用 MLC 叶片的相对运动实现对射野强度的调节，即在出束照射的过程中 MLC 叶片仍在运动。当加速器臂架转到某个固定的角度照射后，由 MLC 相对应的叶片形成的子野在计算机控制下扫过靶区体积，从而形成所期望的强度分布。常用施源器有：宫颈施源器、直肠施源器、阴道施源器、食管施源器、鼻咽施源器、插植针。

（二）填空题

1. 动态楔形板
2. 动态调强技术，静态调强技术，旋转调强技术
3. 20~60 对
4. 1mm
5. MLC 射野决定

（三）选择题

A1 型题

1. E 2. D

A2 型题

3. D 4. D

B 型题

5. D 6. C 7. E 8. A 9. B

(四)简答题

简述旋转调强技术。

旋转调强技术是 IMRT 治疗的一种新的实施方式,主要是在加速器臂架旋转的过程中利用滑窗技术来实现的。IMAT 技术可以获得目前加速器硬件条件下最适形的剂量分布。

(李振江)

第九章 放射治疗设备的质量保证和质量控制

一、学习目标

1. **掌握** 放射治疗质量保证和质量控制的定义与目标。
2. **熟悉** 放射治疗设备质量保证和质量控制的内容及要求,典型放射治疗设备的质量控制措施,日检、月检、年检的内容与方法。
3. **了解** 主要放疗设备有关质量保证和质量控制的国家标准。

二、重点和难点内容

(一) 概述

重点和难点是:放射治疗质量保证和质量控制的定义及目标。

1. 放射治疗质量保证的定义 世界卫生组织给出的放射治疗质量保证的定义是:以肿瘤患者获得有效治疗为目标,使患者的靶体积获得足够的辐射剂量,同时正常组织所受剂量最小、正常人群所受辐射最小,为确保安全实现这一医疗目标而制定和采取的所有规程和方法。

2. 放射治疗质量控制的定义 放射治疗的质量控制是指为保证整个放射治疗服务过程中各环节都能够符合质量保证要求所采取的一系列必要措施,是放射治疗质量保证体系的重要内容。

3. 放射治疗质量保证和质量控制的目标 在治疗过程中,为避免发生可能对患者产生伤害的随机或系统偏差、完善和规范各个环节的医疗活动和操作,必须制定一系列的质量保证和质量控制措施。

(二) 放射治疗设备质量保证和质量控制的内容与要求

重点和难点是:放射治疗设备质量保证的内容及要求;放射治疗设备质量控制的内容及要求。

1. 放射治疗设备质量保证的内容及要求

(1) 放疗室的质量保证:放疗室的选址及放射卫生防护设施,必须符合国家卫生标准;新建、改建、扩建和续建的放疗室建设项目,必须严格按照国家有关规定,经省级卫生行政部门审核;放疗室建设项目竣工后,必须严格按照国家有关规定,经省级卫生行政部门指定的放射卫生防护机构进行放射卫生防护监测,并由省级卫生行政部门进行验收,合格后发放放射工作许可证件。

(2) 放射治疗设备的质量保证:使用符合相关标准的测量设备;定期检查放射治疗设备的物理特性及电气、机械、光学性能,检查方法、检查结果和频率应符合国家标准;定期检查模拟定位机的电气、机械、光学性能,检查方法、检查结果和频率应符合国家标准;治疗计划系统;遥控后装等应符合相关标准。

不同的放疗室,应该在国家标准的基础上,依据自身的发展状况、人员构成和技能、设备配置情况等特点,制定符合自身要求的质量保证体系。建立放射治疗的质量保证体系是一项复杂的、综合的系统工程。但是只有建立了完善的质量保证体系,才能更好地发挥出放射治疗的作用,使肿瘤患者得到更安全、更有效的治疗。

2. 放射治疗设备质量控制的内容及要求

(1) 放疗室的质量控制:常规模拟机房、CT 模拟机房、电子直线加速器治疗室、γ 射线治疗室、^{252}Cf(锎)中子后装治疗室、质子加速器治疗室、移动式电子加速器术中放射治疗的专用手术室、磁共振加速器机房和其他放射治疗机房的屏蔽防护设计和施工应严格遵从国家职业卫生标准的相关规定;各放射诊疗机房需要通过卫生行政管理部门的职业病危害评价以及环境保护部门环境影响评价,同时需要合理设置必要的辐射安全防护装置;为尽量避免辐射对孕妇及胎儿造成危害,从业机构应在放射工作场所设置清晰醒目的辐射危害警示标志,进行特别提示。

(2) 放射治疗设备的质量控制:按照《放射治疗质量控制基本指南》要求,包括常规放射治疗和精确放射治疗的设备要求;鼓励配置放疗信息管理系统;制定适合本机构的质量控制规程;建立放射治疗设备的档案;定期检定和校准各质控仪器,定期接受有资质的第三方对相关放射诊疗设备进行状态性检测。

一般情况下,当放射治疗设备安装完成并通过验收,效果评价合格后,即可应用于临床。质量控制则是定期重复检测主要的验收测试项目,将新的检测结果与原测试结果进行比较。若结果不一致需分析查找原因,使系统经调试回到验收水平。严格执行质量控制措施,落实现有标准并持续改进,从而实现提高放射治疗水平的目的:减少整个放射治疗过程中的不确定度,提高治疗的准确性和疗效;及时发现治疗流程中的问题,减少事故和错误发生的可能性,避免医疗事故的发生;保证不同医院放疗室标准统一,有利于临床循证研究和临床经验分享。

(三) 放射治疗设备的质控措施与应用

重点和难点是:典型放射治疗设备的质量控制措施,日检、月检、年检的内容与方法。

1. X 线模拟定位机的质量控制

(1) 日检项目及方法:主要检测急停开关、门联锁、碰撞联锁、光距尺等是否正常工作。

(2) 月检项目及方法:主要涉及辐射野的数字指示器;辐射野的光野指示器;准直器旋转角度指示;机架旋转角度指示;十字线中心精度;空间分辨力;低对比分辨力;光野、射野一致性;床旋转角度指示;影像测量精度等方面的检查。

(3) 年检项目及方法:主要涉及准直器旋转中心精度;治疗床旋转等中心精度;机架旋转等中心精度;治疗床纵向和横向刚度;治疗床垂直运动精度等方面的检查。

2. 医用电子直线加速器的质量控制

(1) 日检项目及方法:主要检测门联锁及防碰功能、辐射监测系统、闭路监视器和对讲装置、光距尺、激光定位灯、照射野大小数字指示、输出量等是否正常。

(2) 月检项目及方法:主要涉及准直器旋转中心精度;准直器旋转角度指示;机架旋转角度指示;光野十字线旋转等中心;床旋转角度指示;光野、射野一致性;治疗床旋转等中心精度;治疗床纵向和横向刚度;治疗床垂直运动精度;深度量(线束能量)的改变;X 线照射野的均整度;X 线照射野的对称性;楔形因子;电子线剂量示值误差;电子线照射野的对称性等方面的检查。

(3) 年检项目及方法:主要涉及机架旋转等中心精度;辐射中心;输出量随机架角的变化;X 射线输出量随射野大小的改变;电子线输出量随限光筒大小的改变;电子线照射野的均整度等方

面的检查。

三、章后思考题解答

1. 简述放射治疗质量保证的定义。

世界卫生组织给出的放射治疗质量保证的定义是:指以肿瘤患者获得有效治疗为目标,使患者的靶体积获得足够的辐射剂量,同时正常组织所受剂量最小、正常人群所受辐射最小,为确保安全实现这一医疗目标而制定和采取的所有规程和方法。

2. 简述放疗室质量保证的内容与要求。

放疗室的选址及放射卫生防护设施,必须符合国家卫生标准;新建、改建、扩建和续建的放疗室建设项目,必须严格按照国家有关规定,经省级卫生行政部门审核;放疗室建设项目竣工后,必须严格按照国家有关规定,经省级卫生行政部门指定的放射卫生防护机构进行放射卫生防护监测,并由省级卫生行政部门进行验收,合格后发放放射工作许可证件。

3. 简述放射治疗设备应用于临床后,进行质量控制的意义。

一般情况下,当放射治疗设备安装完成并通过验收,效果评价合格后,即可应用于临床。质量控制则是定期重复检测主要的验收测试项目,将新的检测结果与原测试结果进行比较。若结果不一致需分析查找原因,使系统经调试回到验收水平。严格执行质量控制措施,落实现有标准并持续改进,从而实现提高放射治疗水平的目的:减少整个放射治疗过程中的不确定度,提高治疗的准确性和疗效;及时发现治疗流程中的问题,减少事故和错误发生的可能性,避免医疗事故的发生;保证不同医院放疗室标准统一,有利于临床循证研究和临床经验分享。

四、补充习题

(一)名词解释

放射治疗质量控制

(二)填空题

1. 近年来随着肿瘤放射治疗技术的发展,临床上的恶性肿瘤患者很多都需要进行放射治疗。为保证治疗效果,放射治疗的_____和_____越来越受到肿瘤放射治疗学界的重视。

2. 放射治疗设备的电气、机械、光学性能应定期进行检查,_____、_____和_____应符合国家标准。

3. CT模拟机房屏蔽防护的设计和施工应遵从国家职业卫生标准GBZ/T 165-2012《X射线计算机断层摄影放射防护要求》。机房使用面积不小于_____,机房内最小单边长度不小于_____。

4. 医用电子直线加速器准直器旋转角度指示的数字读数偏差不得大于_____,机械读数偏差不得大于_____。

(三)选择题

A1型题(以下每一道考题下面有A、B、C、D、E五个备选答案。请从中选择一个最佳答案)

1. 各放射诊疗机房需要通过卫生行政管理部门的职业病危害评价以及环境保护部门环境影响评价,同时需要合理设置必要的
   A. 辐射状态指示灯　　　B. 急停开关　　　C. 便携式个人剂量报警仪
   D. 固定式剂量报警仪　　E. 辐射安全防护装置

2. 电子直线加速器治疗室内每小时通风换气不少于

A. 2次　　　　B. 3次　　　　C. 4次　　　　D. 5次　　　　E. 6次

3. 移动式电子加速器术中放射治疗的专用手术室使用面积应不小于_____,层高不小于_____,放射治疗的中心点距各侧墙体最近距离不小于_____
   A. 20m², 3m, 3m　　　　B. 35m², 3m, 3m　　　　C. 36m², 3.5m, 3m
   D. 40m², 3.5m, 3m　　　　E. 45m², 4.5m, 3m

4. X线模拟定位机辐射野的光野指示器的允许精度是
   A. 0.5%　　　　B. 1%　　　　C. 1.5%　　　　D. 2%　　　　E. 3%

5. X线模拟定位机在显示屏上测量已知大小的物体时,误差应不大于
   A. ±0.5mm　　　　B. ±1mm　　　　C. ±1.5mm　　　　D. ±2mm　　　　E. ±3mm

6. 医用电子直线加速器治疗床面上贴一坐标纸,SSD取100cm,机架置于0°,打开光野灯,将十字线与坐标纸上的某点重合,旋转准直器,十字线在坐标纸上的轨迹为一个圆圈,此圆圈的半径应不大于
   A. 0.5mm　　　　B. 1mm　　　　C. 1.5mm　　　　D. 2mm　　　　E. 3mm

7. 医用电子直线加速器X线照射野的对称性,在均整区内对称于射线束轴的任意两点吸收剂量的比值不应大于
   A. 1.02　　　　B. 1.03　　　　C. 1.04　　　　D. 1.05　　　　E. 1.06

   A2型题(以下提供案例,下面有A、B、C、D、E五个备选答案。请从中选择一个最佳答案)

8. 患者,女,40岁,体重125kg,子宫内膜低分化腺癌,侵及肌层达浆膜下,需要进行术后放疗,患者家属担心患者体重会导致治疗床面发生形变,进而影响放疗效果,治疗技师予以解释,放疗设备治疗床纵向和横向刚度有质量控制要求,负载135kg时,床面高度变化及与水平面之间的最大夹角变化分别不得大于
   A. 5mm, 0.5°　　　　B. 5mm, 1°　　　　C. 10mm, 0.5°
   D. 10mm, 1°　　　　E. 15mm, 1.5°

   B型题(以下每题前面有A、B、C、D、E五个备选答案。请从中选择一个最佳答案填在合适的题干后面)

   (9~10题共用备选答案)
   A. ±0.5%
   B. ±1%
   C. ±1.5%
   D. ±2%
   E. ±3%

9. 医用电子直线加速器线束能量计量比 $R_{10}^{20}=D_{20}/D_{10}$,变化不应超过原始值的
10. 医用电子直线加速器电子线剂量示值误差的允许范围是

(四)简答题
1. 简述放射治疗质量保证和质量控制的目标。
2. 简述X线模拟定位机日检的项目及方法。

五、补充习题参考答案

(一)名词解释

放射治疗质量控制是指为保证整个放射治疗服务过程中各环节都能够符合质量保证要求所采取的一系列必要措施,是放射治疗质量保证体系的重要内容。

（二）填空题

1. 质量保证,质量控制
2. 检查方法,检查结果,频率
3. $30m^2$,4.5m
4. 0.5°,1°

（三）选择题

A1 型题

1. E 2. C 3. C 4. A 5. D 6. B 7. B

A2 型题

8. A

B 型题

9. D 10. E

（四）简答题

1. 简述放射治疗质量保证和质量控制的目标。

在治疗过程中,为避免发生可能对患者产生伤害的随机或系统偏差、完善和规范各个环节的医疗活动和操作,必须制定一系列的质量保证和质量控制措施。

2. 简述 X 线模拟定位机日检的项目及方法。

（1）检测急停开关、门联锁、碰撞联锁等是否正常工作。

（2）光学距离指示器:也称光距尺,治疗床面上贴一坐标纸,机架置于 0°,将治疗床面置于等中心位置,打开光野灯和标尺灯,令标尺灯 100cm 刻度线与十字线重合,误差应小于 ±2mm。（应在源皮距 90cm、120cm 处分别进行测试。）

（刘明芳）

第十章 放疗室的结构和功能设计

一、学习目标

1. **掌握** 放疗室的分区,辐射防护的三项基本原则,医用电子直线加速器治疗室的防护要求和屏蔽设计。
2. **熟悉** 治疗室辐射屏蔽检测的原则,放疗室的辐射检测与验收,放疗室的各项基本要求。
3. **了解** 放疗室的基本结构。

二、重点和难点内容

(一)概述

重点和难点是:放疗过程中的电离辐射要求放疗室的机房结构、屏蔽设计和施工建造必须满足特定要求。

放疗过程中的电离辐射既可以杀灭人体内的癌细胞,也可以造成正常细胞的死亡、突变和致癌,从而影响人体及其后代的健康,因此如果管理和使用不当,或者忽视防护,不仅可能伤及应用各种辐射源的工作人员,还会殃及患者和公众的身体健康甚至生命安全,严重的还会致人死亡。

为使工作人员和公众受到的剂量不能达到确定性效应的阈值,并限制随机性效应的发生率使之合理地达到尽可能低的水平。放疗室的机房结构、屏蔽设计和施工建造,都必须严格遵守国家有关法律规定和设备制造厂家提供的机房设计规范与技术要求。

(二)放疗室的功能要求

重点和难点是:放疗室的功能与分区;放疗室的基本要求。

1. 放疗室的功能与分区

(1) 控制区:是指需要和可能需要专门防护手段或安全措施的区域,这样的设置是为了便于控制正常工作条件下的正常照射或防止污染扩散,并预防潜在照射或限制潜在照射的范围。确定控制区的边界时,应考虑预计的正常照射的水平、潜在照射的可能性和大小以及所需要的防护手段与安全措施的性质和范围。对于范围较大的控制区,如果其中的照射或污染水平在不同的局部变化较大,需要实施不同的专门防护手段或安全措施,为便于管理,可根据需要再划分出不同的子区。放疗中心应该在控制区的进出口及其他适当位置处设立醒目的、符合规定的警告标志,并给出相应的辐射水平和污染水平指示;按照预计的照射水平和可能性,运用行政管理程序和实体屏障限制人员进出控制区;制定职业防护与安全措施,包括适用于控制区的规则与程序;按需要在控制区入口处提供监测设备、防护衣具和个人衣物贮存柜;按需要在控制区出口处提供被携出物品的污染监测设备、皮肤和工作服的污染监测仪、冲洗或淋浴设施以及被污染防护衣具的贮存柜;定期审查控制区的实际状况,确定是否有必要改变该区的防护手段和安全措施,或调整该区域的边界。控制区包括:①治疗室及其控制室和辅助机房。治疗室是放射治疗设备工作的区域,患者进入治疗室,按照精确的治疗方案接受治疗。工作人员在控制室操纵机器,并通过监视器全程观察患者在治疗中的情况。大多数放疗设备在运行过程中,还需要一些辅助设备,如稳压电源、温控机等,这些辅助设备一般被安置在辅助机房。②模拟定位室及其控制室和辅助机房。当患者被诊断患有肿瘤并决定进行放射治疗时,在放疗前要制订周密的放疗计划,在定位机上定出要照射的部位,并做好标记后才能执行放疗。

（2）监督区:是指未被定为控制区,在其中通常不需要专门的防护手段或安全措施,但需要经常对职业照射条件进行监督和评价的区域。放疗中心应该在监督区入口处的适当地点设立监督区标牌;定期审查该区的情况,确定是否需要采取防护措施和做出安全规定,或调整该区域的边界。监督区包括办公室、候诊区、机房屏蔽门外和诊疗区内的走廊等。

2. 放疗室的基本要求　主要包括结构要求、屏蔽要求、电源要求、安全联锁要求、温度湿度要求、通风要求、安全接地要求等。

（三）放疗室的基本结构和屏蔽设计

重点和难点是:放疗室的基本结构;治疗室的防护要求与屏蔽设计。

1. 放疗室的基本结构

（1）治疗室:主要介绍墙体;地坑;迷路、防护门及地面;电缆沟的设计;吊车与吊车梁的设计;照明系统;通风系统的设计;采暖及除湿的设计;其他配套设备;消防设施等内容。

（2）控制室

（3）辅助机房

2. 治疗室的防护要求与屏蔽设计

（1）辐射防护:辐射防护的目的是在考虑经济和社会因素后,在不过分限制产生辐射照射的有益实践的前提下,防止有害的确定性效应的发生,并限制随机性效应的发生概率,把一切照射保持在可合理达到的尽可能低的水平。这样,既可以进行产生辐射照射的必要活动,促进各种辐射技术及其应用事业的发展;又兼顾保护环境,保障工作人员和公众及其后代的安全和健康。

辐射防护的三项基本原则:实践的正当性、防护的最优化和个人剂量限值。

（2）治疗室的防护要求

1) 关注点的选取:通常在治疗室外、距治疗室外表面30cm处,选择人员可能受照的周围剂量当量最大的位置作为关注点。在距治疗室一定距离处,可能受照剂量大且公众成员居留因子大的位置也是需要考虑的关注点。

2) 名词解释及主要参数:有用束、泄漏辐射、散射辐射、杂散辐射、主屏蔽、副屏蔽、周剂量参考控制水平、计算点的辐射剂量率、剂量率参考控制水平、加速器有用线束中心轴上距靶1m处的常用最高剂量率、使用因子、居留因子、治疗装置周最大累积照射的小时数、工作负荷、什值层。

3) 剂量控制要求:主要涉及治疗室墙和入口门外关注点的剂量率参考控制水平和治疗室房顶的剂量控制要求。

4) 不同关注点应考虑的辐射:应考虑的辐射束;治疗室不同位置应考虑的辐射束:主屏蔽区,与主屏蔽区直接相连的次屏蔽区,侧屏蔽墙,迷路外墙,加速器($\leqslant$10MV)治疗室迷路入口,加速器(>10MV)治疗室迷路入口。

5) 辐射源点至关注点的距离:直接与治疗室连接的区域内,关注点为距治疗室外表面30cm的相应位置;对于患者散射辐射,以等中心位置为散射辐射源点;对主屏蔽区的关注点,辐射源点到关注点的距离为源轴距(SAD=1m)与等中心位置至关注点的距离之和;在辐射屏蔽设计时,辐射源点至关注点的距离参数中,屏蔽体的厚度初始取如下的预设值:加速器(≤10MV),主屏蔽区混凝土屏蔽厚度200cm,次屏蔽区混凝土屏蔽厚度100cm;加速器(>10MV),主屏蔽区混凝土屏蔽厚度250cm,次屏蔽区混凝土屏蔽厚度110cm。以上取值仅用于在屏蔽设计时估算辐射源点到关注点的距离,此处采用混凝土密度为 $2.35t/m^3$,当改用其他密度的混凝土时,需要进行换算。

(3) 治疗室的屏蔽设计

1) 设计原则:根据辐射源处于身体内部还是外部,可将照射分为内照射和外照射。内照射指进入人体的放射性核素对人体的照射;外照射指体外辐射源对人体的照射。医用电子直线加速器一般情况下只有外照射。

外照射的防护目的是保护特定人群不受过分的、直接或潜在的外照射危害。防护措施包括:时间防护,缩短照射时间;距离防护,增大与辐射源的距离;屏蔽防护,在人与辐射源之间设置防护屏蔽。放射治疗中使用的辐射源强度较大,且受放射治疗室大小的限制,又做不到辐射源远离人群,因此,放射治疗室的主要防护措施只能是设置足够的屏蔽。在医用电子直线加速器治疗室设计中,一般只估算X射线及中子线所需的屏蔽。加速器治疗室的屏蔽设计在确定机型的基础上,按使用要求设计治疗室内部的布局,包括治疗室的尺寸、机器安装位置、迷路及其入口宽度、治疗室高度、电缆引入管道位置等。设计屏蔽厚度之前,要根据实际情况确定相关计算参数,同时考虑后续扩展余地。

2) 使用什值层的计算方法:计算有效屏蔽厚度、屏蔽厚度与屏蔽透射因子的关系。

3) 不同辐射的屏蔽估算方法:涉及有用线束和泄漏辐射的屏蔽与剂量估算、患者一次散射辐射的屏蔽与剂量估算、穿过患者或迷路内墙的有用线束在屏蔽墙上的一次散射辐射剂量、泄漏辐射在屏蔽墙上的一次散射辐射剂量、患者散射和泄漏辐射的复合辐射的屏蔽与剂量估算、加速器(≤10MV)治疗室的迷路散射辐射屏蔽与剂量估算、加速器(>10MV)治疗室的迷路散射辐射的计算。

(四) 放疗室的辐射检测与验收

重点和难点是:治疗室辐射屏蔽检测的原则;治疗室的辐射检测与验收。

1. 治疗室辐射屏蔽检测的原则

(1) 屏蔽设计核查:核查屏蔽目标是否符合国家规定的治疗室辐射屏蔽剂量参考控制水平;在进行不同治疗室的屏蔽设计和屏蔽效果核查时,应根据治疗室内安装的放射治疗装置选取相应的参数与条件;治疗装置工作条件核查:根据治疗室屏蔽设计中所选择的方法和参数,核查方法的依据及正确性。

(2) 治疗室辐射屏蔽效果核查:基本方法、检测条件、检测仪表要求。

(3) 对治疗室的设计和评价,应按屏蔽要求进行。

2. 治疗室的辐射检测与验收

(1) 治疗室外辐射剂量率的检测:检测治疗室外的辐射泄漏水平时,需要使用灵敏度足够高的剂量检测仪表,检测点应该在全面巡测的基础上,选择有代表性的、辐射水平较高的点:治疗室墙外;治疗室房顶外;对于加速器(>10MV)治疗室,在入口门外30cm处以及采用铅、铁等屏蔽的房顶、外墙外,测量中子的剂量率水平。

(2) 对辐射剂量检测仪表的要求。

(3) 检测条件:总检测条件;不同检测区的检测条件。

(4) 检测报告与评价。

第十章 放疗室的结构和功能设计

三、章后思考题解答

1. 简述放疗室的分区情况。

为便于辐射防护管理和职业照射控制,将放疗室分为控制区和监督区两部分。控制区是指需要和可能需要专门防护手段或安全措施的区域,这样的设置是为了便于控制正常工作条件下的正常照射或防止污染扩散,并预防潜在照射或限制潜在照射的范围。监督区是指未被定为控制区,在其中通常不需要专门的防护手段或安全措施,但需要经常对职业照射条件进行监督和评价的区域。

2. 简述辐射防护的三项基本原则。

实践的正当性、防护的最优化和个人剂量限值。

3. 简述外照射的防护目的与措施。

外照射的防护目的是保护特定人群不受过分的、直接或潜在的外照射危害。防护措施包括:时间防护,缩短照射时间;距离防护,增大与辐射源的距离;屏蔽防护,在人与辐射源之间设置防护屏蔽。

4. 简述放疗防护关注点的选取原则。

通常在治疗室外、距治疗室外表面 30cm 处,选择人员可能受照的周围剂量当量最大的位置作为关注点。在距治疗室一定距离处,可能受照剂量大且公众成员居留因子大的位置也是需要考虑的关注点。

四、补充习题

(一)名词解释

1. 确定性效应
2. 居留因子
3. 工作负荷

(二)填空题

1. _____ 是不可接受剂量范围的下限,适用于避免发生确定性效应,不能简单地理解为"安全"与"危险"间的界限。

2. 什值层是辐射束射入物质后,辐射剂量率减少到初始值的 _____ 时所经过的物质的厚度。

3. 根据辐射源处于身体内部还是外部,可将照射分为内照射和外照射。医用电子直线加速器一般情况下只有 _____ 。

4. 按照关注点处人员居留因子的不同,分别确定关注点的最高剂量率参考控制水平 $\dot{H}_{c,\max}$ (μSv/h):$T \geq 1/2$ 处 $\dot{H}_{c,\max}$ _____ ,$T<1/2$ 处 $\dot{H}_{c,\max}$ _____ 。

5. 治疗室屏蔽设计与评价时应考虑的辐射束为治疗装置在 X 射线治疗时可达的最高 MV 条件下的 _____ 、_____ 和 _____ 。

(三)选择题

A1 型题(以下每一道考题下面有 A、B、C、D、E 五个备选答案。请从中选择一个最佳答案)

1. 如果人体组织或器官在受到辐射照射后,细胞没有被杀死,而是发生了变异,变异的细胞可能导致恶性病变,最终形成癌症。癌症的发生概率随着受照剂量的增加而增大,这种躯体效应称为

A. 确定性效应　　　　　　B. 随机性效应　　　　　　C. 遗传效应

D. 社会辐射效应　　　　　　E. 疾病辐射效应

2. 下列区域属于监督区的有
   A. 机房屏蔽门外　　　　B. 控制室　　　　　　C. 模拟定位室
   D. 治疗室　　　　　　　E. 辅助机房

3. 放疗室设计建造时的各项基本要求<u>不包括</u>
   A. 屏蔽要求　　　　　　B. 安全联锁要求　　　C. 人员结构要求
   D. 温度湿度要求　　　　E. 安全接地要求

4. ＿＿＿＿是治疗室内安装加速器的基础，对混凝土厚度、抗压强度和基础对角线水平度都有要求
   A. 墙体　　　B. 迷路　　　C. 防护门　　　D. 地坑　　　E. 电缆沟

5. ＿＿＿＿是指任何一项辐射实践被确认为正当，并将付诸实施，就需考虑采用何种措施来降低对个人与公众的危害
   A. 实践的正当性　　　　B. 防护的最优化　　　C. 个人剂量限值
   D. ALARA 原则　　　　　E. 限制照射的大小

6. 由审管部门决定的连续 5 年的年平均有效剂量为
   A. 5mSv　　　B. 20mSv　　　C. 50mSv　　　D. 150mSv　　　E. 500mSv

7. 偶然到达治疗室房顶外的人员受到的穿出治疗室房顶的射线的照射，用相当于治疗室外非控制区人员周剂量率控制指标的年剂量＿＿＿＿加以控制
   A. 50μSv　　　B. 100μSv　　　C. 150μSv　　　D. 250μSv　　　E. 500μSv

8. 在进行不同治疗室的屏蔽设计和屏蔽效果核查时，应根据治疗室内安装的放射治疗装置选取相应的参数与条件，下列参数设置<u>不准确</u>的是
   A. 将可调放射治疗野设置为最大野
   B. 将可选辐射能量设置为最高能量
   C. 将可选有用束辐射输出量率设置为最高输出量率
   D. 择常用的距检测点最近的位置作为可移动的辐射源点
   E. 将可选辐射类型设置为贯穿能力强的辐射

9. 检测治疗室墙外的辐射泄漏水平时，沿墙外距墙外表面 30cm 并距治疗室内地平面＿＿＿＿高度上的一切人员可以到达的位置，进行辐射剂量率巡测
   A. 1.0m　　　B. 1.1m　　　C. 1.2m　　　D. 1.3m　　　E. 1.5m

A2 型题（以下提供案例，下面有 A、B、C、D、E 五个备选答案。请从中选择一个最佳答案）

10. 患者，女，46 岁，阴道不规则流血 3 个月，腹部、盆腔强化 CT 示宫颈占位，活检病理示鳞癌，需在某医院放疗中心进行放射治疗，治疗过程中以下哪个区域是不需要运用行政管理程序和实体屏障限制人员进出的监督区
    A. 机房屏蔽门外　　　　B. 控制室　　　　　　C. 模拟定位室
    D. 治疗室　　　　　　　E. 辅助机房

B 型题（以下每题前面有 A、B、C、D、E 五个备选答案。请从中选择一个最佳答案填在合适的题干后面）

（11~12 题共用备选答案）

A. $\dot{H} = \dfrac{\dot{H}_o \cdot \alpha_{ph} \cdot (F/400)}{R_s^2} \cdot B$

B. $\dot{H} = \dot{H}_o \cdot \dfrac{(F/10^4)}{R^2} \cdot \alpha_w \cdot B_p$

C. $\dot{H} = \dfrac{f \cdot \dot{H}_o \cdot A \cdot \alpha_w}{R_L^2 \cdot R^2}$

D. $\dot{H} = \dot{H}_g \cdot 10^{-(X/TVL)} + \dot{H}_{og}$

E. $\dot{H} = \dot{H}_\gamma \cdot 10^{-(X_\gamma/TVL_\gamma)} + \dot{H}_n \cdot 10^{-(X_n/TVL_n)} + \dot{H}_{og} \cdot B_{og}$

11. 计算加速器（>10MV）治疗室的迷路散射辐射时，防护门外的辐射剂量率 $\dot{H}$ 为
12. 穿过患者或迷路内墙的有用线束，垂直入射到屏蔽墙上并散射至关注点的辐射剂量率 $\dot{H}$ 为

（四）简答题

1. 简述辐射防护的目的。
2. 简述医疗照射的正当性判断的一般原则。

五、补充习题参考答案

（一）名词解释

1. 确定性效应　当人体受到的辐射照射剂量较小时，不足以引起可观察到的病理改变，造成器官或组织功能丧失。当受照剂量高于某一阈值时，病理改变的严重程度将随受照剂量的增加而加重，才会导致器官或组织中足够多的细胞被杀死或不能繁殖，造成器官的功能损伤，甚至是死亡。辐射危害的这种躯体效应称为确定性效应，我们可以通过控制辐射剂量来避免这种效应的发生。

2. 居留因子　指各类人员停留在相关区域的时间与加速器出束时间的比值，用于估算人员在该区域中受到照射的可能。

3. 工作负荷　指规定时间内在特定位置处所产生的当量剂量。它由加速器每年治疗的次数，以及每次患者所接受的平均当量剂量确定。

（二）填空题

1. 个人剂量限值
2. 1/10
3. 外照射
4. ≤2.5μSv/h，≤10μSv/h
5. 有用线束，泄漏辐射，散射辐射

（三）选择题

A1 型题

1. B 2. A 3. C 4. D 5. B 6. B 7. D 8. C 9. D

A2 型题

10. D

B 型题

11. E 12. B

（四）简答题

1. 简述辐射防护的目的。

辐射防护的目的是在考虑经济和社会因素后，在不过分限制产生辐射照射的有益实践的前提下，防止有害的确定性效应的发生，并限制随机性效应的发生概率，把一切照射保持在可合理达到的尽可能低的水平。这样，既可以进行产生辐射照射的必要活动，促进各种辐射技术及其应

用事业的发展；又兼顾保护环境，保障工作人员和公众及其后代的安全和健康。

2. 简述医疗照射的正当性判断的一般原则。

在考虑了可供采用的不涉及医疗照射的替代方法的利益和危险之后，仅当通过权衡利弊，证明医疗照射给受照个人或社会所带来的利益大于可能引起的辐射危害时，该医疗照射才是正当的。对于复杂的诊断与治疗，应注意逐例进行正当性判断。还应注意根据医疗技术与水平的发展，对过去认为是正当的医疗照射重新进行正当性判断。

（刘明芳）